UN

RÉGIMENT DE LIGNE

PENDANT LA GUERRE D'ORIENT

Notes et Souvenirs d'un Officier d'Infanterie

1854-1855-1856

PUBLIÉS PAR M. L'ABBÉ S. ROCHET

Professeur d'Histoire au Collège de Belley

ILLUSTRATIONS DE P. FAURE

LYON. — EMMANUEL VITTE, ÉDITEUR

3, PLACE BELLECOUR, 3

UN RÉGIMENT DE LIGNE

Pendant la Guerre d'Orient

LYON. — IMPRIMERIE EMMANUEL VITTE, RUE CONDÉ, 30

CAPITAINE CULLET

UN

RÉGIMENT DE LIGNE

Pendant la Guerre d'Orient

NOTES ET SOUVENIRS D'UN OFFICIER D'INFANTERIE

1854-1855-1856

PUBLIÉS PAR M. L'ABBÉ S. ROCHET
Professeur d'Histoire au Collège de Belley.

LYON
Librairie Générale Catholique et Classique
EMMANUEL VITTE, DIRECTEUR
Imprimeur de l'Archevêché et des Facultés catholiques de Lyon
3, PLACE BELLECOUR, ET RUE CONDÉ, 30.

1894

AVANT-PROPOS

QUELQUES MOTS SUR LA QUESTION D'ORIENT

I. *La Question d'Orient jusqu'en 1850.*

A guerre de Crimée a été un long et sanglant épisode de la question d'Orient. On désigne généralement sous ce nom l'ensemble des événements et des difficultés politiques qui intéressent l'Empire ottoman. Cette question est donc aussi ancienne que l'arrivée des Turcs en Europe; mais elle a surtout été agitée par l'ambition politique des Russes, sous prétexte de protection religieuse. Les Russes, en effet, exploitèrent à leur profit cette vieille tradition des peuples de religion grecque, asservis par les Ottomans, « que l'Empire turc serait détruit par une nation blonde ». La Russie comprit qu'elle pouvait jouer le rôle de cette blonde libératrice. D'ailleurs, ces chrétiens grecs n'avaient-ils pas été ses Pères dans la Foi? et ne convenait-il pas aux filleuls de travailler à la liberté de leurs parrains ? C'était une action louable, qui pouvait être une bonne opération. Converti au schisme grec, représentant de la Chrétienté orientale, le tzar devenait l'héritier des Césars de Byzance et marchait sur la route qui mène à Constantinople.

Ce mouvement se dessine dès le règne de Pierre le Grand, que les Ottomans en pleine décadence eurent le tort de mépriser. Pendant que, pour la première fois, les Turcs reculaient en signant le traité de Carlowitz (1699), Pierre le Grand s'emparait de la ville d'Azow, la fortifiait, en faisait un port de mer, et la Russie, acquérant cette entrée sur les mers du Midi, commençait son existence européenne. Quand on voulut arrêter ce nouvel ennemi, il était trop tard; les présents de Catherine triomphèrent du Grand Vizir, et la honte du traité de Carlowitz ne fut pas effacée par les conditions des traités de Falksen (1711), de Constantinople (1712) et d'Andrinople (1712).

Huit ans plus tard, Pierre le Grand, après la paix de Passarowitz (1718), obtint des modifications à ce traité et sut isoler complètement la Turquie de la Pologne et de la Suède. Le Divan ne comprit pas que ces deux pays pouvaient être une barrière contre le flot de l'invasion moscovite.

Que Pierre le Grand ait laissé ou non le testament dont on a tant parlé, il avait indiqué du côté de la Turquie le but à atteindre et la marche à suivre. Sa politique fut celle de ses successeurs, malgré l'intervention des puissances occidentales. Sous le règne de l'impératrice Anne, la guerre recommença : le farouche Munich avait déjà conquis la Moldavie, et s'apprêtait à passer le Danube, lorsque la paix de Belgrade l'arrêta. Durant les années qui suivirent, on songeait toujours, en Russie, aux frères opprimés, on continuait les relations avec les chrétiens grecs. La nouvelle impératrice, Elisabeth, envoyait des présents aux Eglises et ses émissaires pénétraient jusqu'au Mont Athos; un prêtre russe alla même jusqu'aux montagnes du Péloponèse. Le Czar Pierre II suivit la même politique et les agents de Catherine II exploitèrent plus que jamais les passions religieuses des sujets chrétiens du Sultan; l'un d'eux, Papas Oglou, parcourut les côtes de l'Adriatique, la Thessalie et la Morée, s'aboucha avec Benati, évêque de Calamata, mais ne put s'entendre avec les Maïnotes; le moine Stephano poussait à la révolte la Serbie et la Croatie.

Ces intrigues n'aboutirent d'abord qu'à compromettre les chrétiens, qui continuaient néanmoins à invoquer tout bas le nom de la grande Catherine. Elle avait juré de réaliser les prophéties et de relever l'Empire byzantin. On connaît les intrigues qui suivirent la mort d'Auguste III, roi de Pologne; l'élection de Poniatowski mettait sur le trône plus qu'un serviteur de Catherine. Les Turcs, qui n'avaient rien fait pour s'opposer à ce choix, comprirent trop tard le danger qu'il leur faisait courir. Poussés par la France, ils en appelèrent aux armes; une violation du territoire ottoman par les Cosaques amena la déclaration de guerre (octobre 1768). Catherine, bien que prise au dépourvu et occupée en Pologne, fit face à l'orage; et, pendant qu'elle négociait avec l'Autriche et la Prusse le premier partage de la Pologne, ses armées victorieuses allaient obliger la Turquie à signer la paix de Kuttuch-Kaïnardji (juillet 1774). La Russie y gagnait un agrandissement territorial, mais surtout elle devenait la protectrice de l'indépendance des chrétiens de Turquie. C'était mettre le sultan sous la dépendance du Tzar et faire de l'Europe ottomane une espèce de province russe. L'article 7 du traité est ainsi conçu : « La Sublime Porte promet de protéger constamment la religion chrétienne et ses Eglises; et aussi elle permet aux ministres de la Cour Impériale de Russie de faire dans toutes les occasions des représentations tant en faveur de la nouvelle Eglise à Constantinople que pour ceux qui la desservent, promettant de les prendre en considération comme faites par une personne de confiance d'une puissance voisine et sincèrement amie. »

C'est là un engagement formel envers la Russie et qui devait donner à celle-ci le droit de se plaindre de la violation du traité. « Depuis lors, dit M. Hammer, la Russie a été l'oracle des négociations diplomatiques suivies auprès de la Porte, l'arbitre de la paix ou de la guerre, l'âme des affaires les plus importantes de l'Empire. L'influence séculaire de la France diminua, elle avait une rivale au protectorat des chrétiens d'Orient. »

On ne tarda pas à sentir les conséquences du traité de Kaïnardji; Catherine s'empara de la Crimée et y fit le fameux voyage, où elle passa à Kherson sous un arc de triomphe qui portait ces mots : Chemin de Byzance. Elle y rencontra Joseph II et conclut avec lui un traité de partage de la Turquie. L'intervention de la France fit ajourner leur projet. Malheureusement l'Angleterre poussa les Turcs à la guerre, qui fut déclarée à la Russie au mois d'août 1787. Survint la Révolution Française. Les puissances européennes, pour être libres de s'occuper des affaires de l'Occident, intervinrent auprès de la Tzarine, et à la suite des négociations ouvertes à Galatz, la paix fut signée à Jassy (9 janvier 1792). Le Dniester devenait la frontière entre les deux Empires, et la Crimée restait définitivement à la Russie, qui obtenait la possession d'une partie de la Bessarabie et le droit de protection sur la Moldavie.

Au commencement de notre siècle, à la suite de l'entrevue d'Erfurth, Alexandre Ier s'empare des principautés danubiennes, fait entrer ses troupes en Bulgarie et, en 1811, elles sont au pied des Balkans. Mais la politique prenait une nouvelle orientation; le Divan craignit un abandon semblable à celui qui avait suivi Tilsitt, et, l'or de l'Angleterre aidant, il fit sa paix avec le tzar, à Bucharest, le 28 mai 1812. Le traité assurait à la Russie la frontière du Pruth. Elle abandonnait ses droits sur la Moldavie et ne gardait que la Bessarabie.

En 1814 se réunit le congrès de Vienne. La Russie fut assez puissante pour empêcher la Turquie d'y prendre part. La désagrégation de l'empire ottoman allait continuer.

Pendant que l'Egypte avec Méhémet-Ali se rendait à peu près indépendante, la Serbie arrachait, les armes à la main, son autonomie, avec Michel Obrenovitch. Les puissances européennes continuèrent à observer l'Orient. La Russie veut poursuivre sa marche en avant; l'Autriche voudrait s'associer à la Russie pour démembrer l'Empire Ottoman, mais n'accepterait pas la prépondérance russe dans la péninsule balkanique. L'Angleterre, à cause des Indes, la France, à cause des anciens intérêts qu'elle a dans le Levant, s'intéressent au règlement des questions européennes dont Constantinople est le centre. L'insurrection de la Grèce va mettre de nouveau tous les intérêts aux prises.

La nationalité grecque avait conservé son individualité distincte ; elle avait pleine conscience de son passé et de son avenir et attendait avec impatience des temps meilleurs pour recouvrer son indépendance. Le réveil national eut lieu surtout depuis la révolution française. Vers 1818, les aspirations des Grecs se précisent ; il se forme une vaste association, l'hétairie, dont la caisse est à Munich, la tête à Saint-Pétersbourg et le centre à Constantinople. Elle avait l'appui de Capo d'Istria, colonel au service du Tzar. La révolte du pacha de Janina, Ali, qui se rend indépendant et appelle les Grecs à son aide, marque les commencements de l'insurrection. Alexandre Ipsilanti soulève la Moldo-Valachie, et la Grèce suit le mouvement. Le congrès d'Epidaure proclame l'indépendance et organise le gouvernement. Soutenus par des volontaires venus de tous les pays, les Grecs se battent courageusement ; mais le Tzar, sur lequel ils comptaient, retenu par Metternich, ne fait rien pour eux, et Ibrahim Pacha, fils de Méhémet-Ali, ravage le pays. Alexandre Ier étant mort, son frère Nicolas Ier se décide à intervenir. L'Angleterre ne voulant pas le laisser agir seul s'entend avec lui ; la France, à son tour, signe avec ces deux puissances le traité de Londres, juillet 1827. Les alliés s'engageaient à intervenir pour amener un arrangement basé sur la séparation civile des deux populations. La Porte refuse d'accepter cette intervention des puissances et les flottes alliées paraissent dans les eaux grecques. La flotte turque est anéantie à Navarin et le général Maison ravage la Morée. En même temps, une armée russe occupe la Moldavie et la Valachie, franchit le Danube, prend Varna, pendant qu'une deuxième armée envahit l'Arménie, et s'empare de Kars. Devant le succès toujours croissant des armées russes, la Turquie accepte le traité d'Andrinople, (septembre 1829), et reconnaît l'indépendance de la Grèce. La Russie se faisait confirmer le droit de s'intéresser au sort des chrétiens, et la pleine et entière liberté pour ses sujets de commercer dans toute l'étendue de l'empire ottoman. La mer Noire est ouverte aux pavillons marchands de toutes les nations et la Turquie s'interdit tout contrôle. Le fait de l'indépendance de la Serbie est définitivement accepté, et les privilèges de la Moldavie et de la Valachie confirmés ; les hospodars élus à vie ne pouvaient être destitués que dans certains cas et du consentement du Tzar.

Après 1830, la question d'Orient se pose de nouveau à propos de l'Egypte ; les grandes puissances, qui avaient été d'accord pour arracher à la Turquie l'indépendance de la Grèce, se trouvent cette fois divisées. On sait que Méhémet-Ali, qui s'était rendu peu à peu indépendant en Egypte, voulut profiter de l'affaiblissement de l'empire pour se tailler un royaume héréditaire. Dès 1831, il envahit la Syrie, bat l'armée du sultan à Konieh (1832) et marche sur Constantinople. L'Europe s'émeut, mais le péril de l'Empire ottoman intéresse diversement les puissances. La Russie voit l'occasion de s'implanter à Constantinople, et, le sultan s'étant mis sous la protection du tzar, une flotte russe entre dans le Bosphore. L'Angleterre, la France et l'Autriche, voulant à tout prix éloigner les Russes de Constantinople, font signer aux belligérants la convention de Kutayé (mai 1833). Mais le traité d'alliance d'Unkiar-Skélessi, entre la Turquie et la Russie, venait récompenser cette dernière de son intervention. La Russie prenait la Turquie sous sa protection ; en retour le sultan, en cas de guerre, s'engageait à fermer le détroit des Dardanelles à tout navire de guerre étranger. C'était mettre la clef des Dardanelles entre les mains du tzar.

L'intervention des puissances n'avait pas tranché le différend entre Méhémet-Ali et le sultan, et la guerre recommença en 1839. Après la défaite de Nézib et la mort de Mahmoud II, la chute de l'empire ottoman sembla inévitable. De nouveau les puissances intervinrent. La France mise de côté, les alliés signèrent le traité de Londres; après la chute du cabinet Thiers et l'arrivée au pouvoir de Guizot, le concert européen se trouva rétabli. Méhémet Ali dut abandonner ses prétentions, et la convention des Détroits, reconnaissant au sultan le droit d'interdire l'entrée du Bosphore aux vaisseaux de guerre de toute nation, abrogeait ce que le traité d'Unkiar-Skelessi avait d'avantageux pour la Russie; le sultan devenait le portier du Bosphore.

La question d'Orient se trouvait encore ajournée, mais la Turquie restait toujours le *magasin à poudre* de l'Europe, et l'agonie de l'homme malade continuait. On cherchait par des réformes intérieures à lui donner un peu de vie, quand éclata cette vieille querelle des Lieux Saints qui devait amener la guerre de Crimée.

II. *Causes de la guerre de Crimée. La question des Lieux Saints.*

La possession des Lieux Saints avait été, de tout temps, un sujet de discorde entre les Latins, les Grecs et les Arméniens. Cette possession n'impliquait que le droit d'usufruit, et non celui de propriété, car la loi musulmane s'oppose à ce qu'un ghiaour possède dans le pays des Fidèles. Rappelons en outre que, d'après les usages de la Terre Sainte, la possession exclusive d'une église par une communauté chrétienne n'interdit pas aux autres le droit d'y officier, mais les possesseurs seuls ont le droit de garder les clefs, de réparer et d'entretenir l'édifice, d'allumer les lampes et de balayer.

Or, les religieux catholiques, sous la protection de la France, avaient toujours eu la garde des Lieux Saints depuis les temps les plus reculés.

La première capitulation signée entre la France et la Turquie constate déjà ce droit. Le Hatti-Shérif de 1536 porte « que les Français avaient le droit de faire garder les Lieux Saints de la Palestine par des religieux, lesquels ne pouvaient être inquiétés ni pour les édifices qu'ils occupaient ni pour les églises qui étaient entre leurs mains. » Une sentence rendue en 1564, sur la demande de l'ambassadeur français, s'exprime ainsi : « Les clefs des portes dudit endroit (la grotte où est né Notre-Seigneur Jésus-Christ) sont dans les mains des Francs, et passent successivement de l'un à l'autre de ceux qui arrivent à Jérusalem..... Un firman d'Osman II (1620) confirme les religieux Francs dans la possession des églises de Bethléem et du tombeau de la Vierge. Celui de 1633 est plus explicite encore : « Aujourd'hui les religieux Francs viennent de produire les titres qu'ils ont entre les mains, nous les avons examinés et reconnu que c'étaient des papiers anciens et authentiques..... » Et l'on spécifie les lieux qui doivent rester en leur possession.

Malgré la teneur de ce firman, les Grecs, qui s'étaient à cette même époque emparés des églises des Latins, refusèrent de céder. Les efforts de la France, pendant 40 ans, furent inutiles. Une grave atteinte fut ainsi portée à l'influence française en Orient. Car, comme le dit très bien Lavallée : « Ce n'était pas une vaine prérogative que la possession des Lieux Saints par des religieux français; elle était un reste de notre domination dans le Levant, en constatait l'impérissable souvenir et témoignait de notre puissance aux yeux des Turcs. Ces églises, ces sanctuaires, ces lieux consacrés par la vie et la mort du Christ, n'étaient pas protégés par le roi de France uniquement par zèle religieux, mais par considération politique; à mesure que l'un d'eux était enlevé à notre garde, le nom français perdait quelque chose de son éclat en Orient, et le jour où le drapeau de la France aura disparu du dernier dôme catholique, l'influence française aura disparu dans le Levant. »

En 1673, on reconnaît enfin, à la France, le droit exclusif de protection sur les Lieux Saints, et en 1690 on lui rend tout ce que les Grecs lui avaient enlevé. Les capitulations de 1740 confirment solnnellement les droits de la France. Tout semblait tranquille, quand, en 1757, de nouvelles querelles sur girent entre les Grecs et les Latins; un hatti-shériff parut qui chassait les Latins de l'église de la Vierge et de la grande église de Bethléem, mettant sous la garde et la protection spéciale des Grecs, le Saint-Sépulcre et plusieurs autres sanctuaires.

Ainsi commença le déclin de l'influence française; les usurpations marchèrent alors rapidement, surtout pendant la Révolution, et en 1808 les Grecs, grâce à l'appui de la Russie, s'emparèrent de la plupart des Lieux Saints.

Les choses restèrent en cet état pendant la première moitié du XIXe siècle.

En 1851 surviennent encore des discussions entre Grecs et Latins. La France croit le moment venu d'intervenir, et, invoquant les capitulations de 1740, réclame, par le marquis de Lavalette, la formation d'une commission mixte chargée d'examiner les droits de chacun. La Russie survient, et, sous sa pression, la commission, tout en reconnaissant la justesse des réclamations de la France, maintient le *statu quo*, hormis l'admission des Latins au sanctuaire de la Vierge, et le droit pour les Grecs d'entrer dans l'église de l'Ascension. La France accepte, et les Grecs triomphent, ils voient déjà le Bas-Empire rétabli sous la protection toute-puissante du tzar.

Nicolas Ier, de son côté, estime alors possible de résoudre seul, et à son profit, cette question d'Orient qui, semblable au cancer « se reproduit d'elle-même lorsqu'on l'a opérée ».

En Allemagne, les gouvernements étaient à peine remis de la crise révolutionnaire de 1848, et avaient à s'occuper de nombreuses difficultés intérieures. Le roi de Prusse, Frédéric-Guillaume IV, était beau-frère de Nicolas; l'Autriche, sauvée récemment par la main puissante du tzar, était sous sa dépendance; en France, les relations extérieures semblaient vouées aux tâtonnements inséparables de l'établissement d'un pouvoir nouveau; restaient les Anglais, on espérait rendre leur résistance inefficace faute d'auxiliaires. La situation était donc particulièrement favorable; le prince Menschikoff fut envoyé à Constantinople. Arguant d'une interprétation arbitraire du traité de Kaïnardji, il exigea des garanties solides et invariables dans l'intérêt de l'Eglise orthodoxe. Ces garanties mettaient tous les sujets de l'Empire ottoman de religion grecque sous la protection du tzar. La Turquie montra beaucoup de longanimité, elle régla la situation des Lieux Saints de manière à donner satisfaction à la Russie, tout en laissant intactes les concessions faites aux Latins. Elle fit tout ce qui dépendait d'elle pour rester en bonne intelligence avec la Russie, malgré les procédés insolents de l'ambassadeur moscovite.

Mais Menschikoff exigeait davantage; il voulait l'abdication absolue des droits et de l'autorité du sultan à l'égard de ses sujets chrétiens, dont il réclamait le protectorat pour son maître. Or, les membres du clergé exerçant en Orient les fonctions judiciaires et administratives en même temps que leurs fonctions spirituelles, l'adhésion de la Porte à cet ultimatum eût été une véritable abdication de pouvoir.

Pendant ce temps l'empereur Nicolas s'efforçait d'engager l'Angleterre dans une sorte de complicité, en lui laissant supposer qu'en cas de partage, l'Egypte et Candie pourraient être son lot.

La France, pour être prête à tout événement, envoyait sa flotte à Salamine.

Bientôt les relations diplomatiques furent rompues entre la Russie et la Turquie; le 21 mai, Menschikoff quittait Constantinople. Le 3 juillet, les armées russes passaient le Pruth et occupaient les Principautés. L'Angleterre fit alors cause commune avec la France et son escadre vint avec la flotte française mouiller dans la baie de Bésika, à l'entrée des Dardanelles. Le 4 octobre, les Turcs répondaient à l'envahissement des Provinces Danubiennes par une déclaration de guerre.

Depuis le départ du prince Menschikoff, les diplomates réunis à Vienne essayaient vainement de trouver une solution à une question qui ne pouvait être vidée que par les armes.

Omer Pacha, ancien lieutenant autrichien, devenu général au service de la Turquie, montre une vigueur inattendue; il empêche le prince Gortschakoff d'exécuter son plan, qui était de nouer avec la Serbie des communications permettant de révolutionner l'occident de la Turquie. Battu à Oltenitza, Gortschakoff est arrêté devant Widdin fortifié. Mais en Asie l'armée turque a été battue à Akhalzich, et l'amiral Nachimoff incendiait la flotte turque mouillée devant Sinope (30 novembre). Dans les félicitations qu'il envoya à son amiral, le tzar laissait paraître ses desseins avec la dernière évidence.

La Turquie invoqua l'aide de la France et de l'Angleterre, et les deux puissances offrirent leur médiation. La Russie ayant refusé tout accommodement, le 27 février 1854 elles adressent un ultimatum au cabinet de Saint-Pétersbourg. Cet ultimatum reste sans réponse. Le 12 mars, une alliance est conclue entre la France, l'Angleterre et la Turquie, et le 27 du même mois les Russes reçoivent une double déclaration de guerre. Le 10 avril un traité d'alliance était signé entre la France et l'Angleterre, dans le but d'affranchir le territoire du sultan et de garantir l'Europe contre le retour d'éventualités qui troubleraient la paix. Malgré les avances du prince Orloff au cabinet de Vienne, l'Autriche resta neutre; il en fut de même de la Prusse, de la Suède et du Danemark; la Russie était isolée.

Cependant la guerre avait recommencé sur le Danube; Omer Pacha, se tenant sur une sévère défensive, battait les Russes à Citate et à Giurgevo; Silistrie résistait courageusement et les Russes évacuaient les Principautés que l'Autriche occupait aussitôt, conformément à son traité du 14 juin avec la Porte. Quelques jours avant (20 avril), l'Autriche avait signé avec la Prusse un traité d'alliance offensive et défensive contre la Russie.

Cependant la flotte anglo-française avait franchi les Dardanelles et avait bombardé Odessa (avril 1854). Dans la Baltique, Bomarsund et les îles Aland tombèrent au pouvoir des Anglo-Français. L'armée de secours des alliés arrive à Gallipoli et à Constantinople; le rendez-vous général est à Varna. Les Russes, refusant la bataille, reculent jusqu'à la ligne du Pruth et l'armée alliée, engagée dans la plaine marécageuse de la Dobrutcha, n'en sort que pour aller en Crimée assiéger Sébastopol, le boulevard des forces maritimes de la Russie dans la mer Noire.

Le récit du capitaine Cullet, que nous publions, mettra sous nos yeux les péripéties de la campagne.

Pendant le siège, le Piémont devient l'allié de la France et de l'Angleterre par le traité du 10 janvier 1855; Cavour peut ainsi prendre part aux conférences qui aboutissent au traité de Paris du 30 mars 1856, entre la France, l'Angleterre, la Sardaigne, la Porte d'une part, et la Russie de l'autre. L'Autriche et la Prusse y adhèrent comme puissances garantes.

Deux idées principales ressortent de la rédaction de ce traité. On a voulu 1° limiter la facilité d'agression de la part de la Russie; 2° placer la Turquie et l'Orient sous la garantie et le contrôle des puissances européennes. C'est ainsi qu'on ferme les détroits aux vaisseaux de guerre de tout pays, et la mer Noire est ouverte à la marine marchande de l'Occident. Le protectorat de la Russie sur les Principautés est aboli ; on enlève aux Russes le moyen d'entrer en Turquie sans traverser les pays Roumains; une partie de la Bessarabie et les bouches du Danube sont cédées à la Moldavie, et placées sous la surveillance d'une commission européenne qui doit assurer la libre navigation du fleuve.

D'un autre côté, la Turquie était placée sous la garantie collective et officielle des grandes puissances. Tout acte portant atteinte à l'indépendance et à l'intégrité territoriale de l'Empire ottoman devait être regardé comme une question d'intérêt général.

La situation des Principautés danubiennes soustraites à l'influence russe fut réglée en 1858. La Moldavie et la Valachie, sous le nom de Provinces-Unies, formaient deux Etats distincts gouvernés par un hospodar. Ces provinces nommèrent toutes deux le prince Couza, 1859.

III. *La question d'Orient depuis le traité de Paris jusqu'à nos jours.*

La guerre de Crimée et le traité de Paris n'ont pas terminé la question d'Orient, encore pendante. On a dit avec raison « que la puissance turque reste toujours, parce que le partage de la proie fait toujours peur à ceux qui s'en disputent les lambeaux ». Les massacres du Liban menacent un instant de rallumer la guerre, mais la France intervient et l'expédition de Syrie affirme de nouveau sa prépondérance en Orient.

La puissance russe est pour le moment paralysée, mais le tzar favorise de tout son pouvoir les idées panslavistes, et les nations des Balkans poursuivent leur complète indépendance.

Deux fois les Monténégrins, en 1858 et en 1862, font la guerre pour obtenir la renonciation de la Porte à son droit de suzeraineté ; si les armes ne les favorisent pas, ils sont sauvés par la diplomatie. La Serbie essaie de secouer les derniers liens qui la rattachent à Constantinople, et la convention de 1865 réalise presque ses désirs, qui s'accomplissent en 1867, pendant l'insurrection de la Crète. D'un autre côté, l'union de la Moldavie et de la Valachie s'achève ; l'Eglise roumaine se déclare indépendante du Patriarcat de Constantinople, et après l'assassinat du prince Couza en 1866, les Roumains maintiennent leur volonté de rester unis, en choisissant pour roi Charles de Hohenzollern.

La défaite de l'Autriche à Sadowa et la fatale guerre franco-allemande de 1870 permettent à la Russie de reprendre sa liberté d'action en Orient. Le tzar Alexandre II demande la revision du traité de Paris, et la conférence de Londres (mars 1871) lui donne satisfaction. La Russie pourra intervenir si l'occasion se présente. Elle ne tarde pas.

Les Slaves de Turquie savent qu'ils peuvent compter sur leurs frères russes ; aussi, en 1875, la crise orientale s'ouvre de nouveau par l'insurrection des chrétiens de Bosnie et d'Herzégovine. La guerre nationale et religieuse se rallume dans les Balkans. Les consuls de France et d'Allemagne sont massacrés à Salonique ; les chrétiens de Bulgarie tombent par milliers sous la hache fanatique des musulmans ; toutes les populations slaves se lèvent, soutenues par la Russie et par les Slaves de l'Autriche ; Serbes et Monténégrins commencent la guerre, mais sont vaincus.

C'est alors qu'intervient directement la Russie ; elle fait accorder un armistice de deux mois à la Serbie et au Monténégro, et la diplomatie européenne essaie vainement, aux conférences de Constantinople, de trouver une solution pacifique. L'Allemagne se désintéresse de la question. L'Autriche se laisse gagner par la Russie. La France ne pouvant intervenir, l'Angleterre restait seule ; elle ne voulut pas se compromettre ; la Turquie livrée à ses seules forces dut lutter pour son indépendance.

La guerre turco-russe de 1877-1878 commence.

Les premiers succès des Russes, qui avaient franchi le Danube et s'étaient emparés du défilé de Chipka, et en Asie avaient bloqué Kars et menaçaient Erzeroum, s'arrêtent assez brusquement. Les Turcs sont vainqueurs de Loris Mélikof, qui est obligé de se retirer sur Alexandropol ; en Bulgarie, Osman Pacha livre les combats victorieux de Plewna, mais ne parvient pas à faire sa jonction avec les autres généraux turcs, et les Russes gardent Chipka. C'est alors qu'apparaissent Totleben et Gourko. Le premier assiège le fameux camp retranché de Plewna, pendant que Gourko empêche à tout secours d'arriver. Osman Pacha doit capituler le 10 décembre ; déjà Kars, en novembre, était tombé au pouvoir des Russes. Sans se laisser arrêter par un hiver rigoureux, Gourko, malgré un froid de 25 à 30 degrés, franchit les Balkans au col d'Etéropol, bat l'armée turque qui assiège Chipka et entre à Sofia. Toutes les colonnes russes victorieuses sont à Andrinople, et bientôt devant Constantinople. L'Angleterre essaie d'intervenir, mais les Turcs, convaincus de son impuissance, signent le traité de San-Stephano que leur impose le général Ignatief (mars 1878). Le dernier démembrement de la Turquie s'achève.

Le Monténégro, la Serbie, la Roumanie, obtiennent leur complète indépendance avec des aggrandissements de territoire. Un nouvel état vassal de la Porte, sous le nom de Bulgarie, devait comprendre la Bulgarie, la Macédoine et la Roumélie. Kars, Batoum restaient aux Russes, qui, en Europe, rentraient en possession de la Bessarabie perdue en 1856.

La Turquie n'était plus qu'une province russe.

Nouvelle intervention de l'Europe ; le congrès de Berlin se réunit. Ce congrès aboutit au traité de Berlin 13 juillet 1878.

On acceptait l'indépendance des trois États chrétiens, Serbie, Monténégro, Roumanie, la neutralité du détroit et du Danube ; mais la carte de la Bulgarie était complètement remaniée. Le pays au nord des Balkans resta seul à la Bulgarie, le pays au sud devint la Roumélie, administrée par une commission européenne sous un gouverneur nommé par le Sultan. La Macédoine fut rendue à la Turquie ; les Grecs obtinrent un agrandissement de territoire ; l'Autriche fut chargée d'administrer la Bosnie et l'Herzégovine insurgées ; l'Angleterre garda Chypre dont elle s'était emparée.

Tel fut le traité de Berlin ; son exécution se heurta à des difficultés nombreuses.

L'Autriche rencontra une vigoureuse résistance de la part des Slaves musulmans. Les Albanais ne cédèrent Dulcigno au Monténégro que sur l'intervention des Puissances européennes. La Grèce ne put obtenir le territoire qu'on lui concédait que sur une menace de guerre. En Bulgarie, l'Assemblée choisit pour souverain le prince Alexandre de Battemberg, 1879. En septembre 1885, ce prince réunissait à la Bulgarie, la Roumélie orientale et proclamait l'union des Bulgares. La Serbie, dont le prince avait pris le titre de roi en 1882, sous prétexte que l'équilibre établi par le traité de Berlin entre les provinces des Balkans était compromis, déclare la guerre aux Bulgares et se fait battre. Le prince Alexandre, victorieux, est reconnu par la Turquie comme gouverneur de la Roumélie. Mais la velléité qu'il manifestait de s'affranchir de la tutelle russe lui fit perdre sa couronne. Après avoir été arrêté et transporté hors de Bulgarie par des conspirateurs russophiles, puis rappelé par le peuple à la régence, il abdique sur un avis du tzar (août 1886) (1). Les Bulgares continuèrent néanmoins à revendiquer leur entière indépendance et élurent le prince Ferdinand de Saxe-Cobourg, petit-fils de Louis-Philippe par sa mère, la princesse Clémentine (1887). Malgré les protestations des Puissances qui se refusent à reconnaître l'union des deux Bulgaries, il règne encore à Sofia, et l'exécution du major Panitza (1890), a montré qu'il saurait se défendre de l'influence russe.

On connaît également les démêlés conjugaux et politiques du roi Milan de Serbie et de la reine Nathalie. Après leur divorce et l'abdication du roi, leur jeune fils gouverna sous une régence (1889) ; par une audace inouïe chez un prince de son âge, le prince Alexandre vient de prendre en main le pouvoir.

Pendant que ces événements s'accomplissent dans la péninsule des Balkans, l'Angleterre s'empare de l'Egypte grâce à la faiblesse du cabinet français présidé par M. de Freycinet.

Voici comment : en 1876, le gaspillage des finances égyptiennes allait amener la banqueroute ; une commission de la dette fut instituée avec la collaboration de la France et de l'Angleterre qui devaient protéger les créanciers du Khédive. C'était le système du Condominium. Le parti national, étant arrivé aux affaires en 1882 avec Arabi-Pacha, ne cacha pas son intention de rendre l'Egypte aux Egyptiens. La flotte anglo-française paraît devant Alexandrie (mai 1882) ; mais nous laissons l'Angleterre agir seule, bombarder Alexandrie (21 juillet), chasser Arabi-Pacha et s'emparer du gouvernement de l'Egypte. La France restait dans l'inaction. Depuis, l'occupation anglaise continue malgré les protestations de la Porte, et les fonctionnaires égyptiens gouvernent sous la direction britannique.

A l'heure actuelle, la question d'Orient n'a pas encore reçu de solution définitive et le démembrement de l'Empire turc n'a pas eu lieu exclusivement au profit de la Russie.

(1) Le prince de Battemberg vécut depuis sous le nom de comte de Harteneau ; il désirait épouser la princesse Victoria, sœur de l'empereur d'Allemagne ; Bismark alors tout-puissant s'y opposa et le prince finit par se consoler en épousant une actrice, mademoiselle Loisinger. Il vient de mourir, 17 novembre 1893.

Quatre nations ont recouvré leur indépendance : Grecs, Serbes, Roumains et Bulgares, sans compter les Monténégrins. L'Autriche a reçu de nombreux avantages ; elle administre la Bosnie et l'Herzégovine. L'Angleterre, après s'être emparée de Chypre, continue d'occuper l'Egypte, dont l'importance est devenue considérable depuis l'ouverture du canal de Suez.

La Russie reprendra-t-elle un jour sa marche vers Byzance? La nouvelle orientation de la politique française lui facilitera-t-elle l'accomplissement de ses secrets désirs ? Les jeunes nationalités des Balkans seront-elles entraînées par le mouvement panslaviste ? Nous l'ignorons ; c'est le secret de la Providence. Quoi qu'il en soit, nous trouvons profondément vrai ce que disait un jour le célèbre Skobelef aux étudiants slaves à Paris : « L'étranger, l'intrus, l'intrigant, l'ennemi dangereux pour le Russe et pour le Slave, c'est l'auteur du *Drang nach Osten*, la poussée vers l'est, c'est l'Allemand, c'est l'expansion de la race allemande et des intérêts allemands, de la *Kultur* allemande vers l'est. »

Un jour, peut-être, verrons-nous les Slaves se dresser devant les Germains : les luttes de l'avenir, en Europe, mettront aux prises ces deux peuples. Ce jour-là l'Autriche aura disparu et « l'homme malade », quittant pour toujours la ville de Constantin, aura retrouvé sur la vieille terre d'Asie le lit de ses pères pour y rendre son dernier soupir.

S. Rochet.

PRÉFACE

LA FAMILLE CULLET — VIE DE M. OCTAVE CULLET

Ce n'est pas une histoire de la guerre de Crimée que nous présentons au public; l'auteur n'a pas eu l'intention de suivre tous les détails de la campagne. « A d'autres, dit-il, de recueillir les éléments d'une histoire, de rattacher logiquement à leurs causes les faits accomplis, de les raconter dans tous leurs détails, de les juger sainement. » A lui de peindre un coin du tableau, de décrire ce qui s'est passé sous ses yeux.

Le cadre de son récit est donc restreint aux incidents de la la lutte dont il a été le témoin. Aussi le titre qu'il voulait prendre est-il modeste : c'est l'histoire d'un régiment de ligne pendant la guerre d'Orient, pendant ce siège mémorable où, comme il le dit, « toutes les armes ont rivalisé d'ardeur et d'intelligence, où le génie de la défense a suivi jour par jour celui de l'attaque, disputant le terrain pied à pied, où la conquête de chaque toise a coûté des travaux énormes, des prodiges de bravoure et des flots de sang. »

Ce cadre qu'il s'était tracé, il nous semble qu'il l'a merveilleusement rempli, et tout en ne le dépassant pas, il a, d'ici de là, des aperçus généraux, des jugements d'ensemble que l'histoire, jusqu'ici, a complètement ratifiés; mais rarement il se permet ces digressions. S'il ne dit pas « j'étais là, telle chose m'advint », c'est que dans sa modestie égale à son mérite, il n'a d'yeux et d'éloges que pour les braves qui l'entourent; s'oubliant lui-même, il ne songe qu'à la gloire commune, à la gloire de son régiment. A l'Alma, perdu au milieu de la fumée, il n'a pu voir qu'en gros les évolutions qui s'accomplissaient sur les divers points du champ de bataille; aussi n'est-ce pas à lui qu'il faut demander le récit des mille épisodes glorieux de la journée; mais du rôle de son cher 20e léger, qui deviendra plus tard le 95e de ligne, personne ne pouvait mieux parler, car personne ne l'a vu de plus près. Si la maladie l'éloigne pendant quelque temps du théâtre de la lutte, c'est par le capitaine Pouget et son ami le lieutenant Schwartz qu'il en apprend les émouvantes péripéties. Dès le 17 décembre, il a repris son poste de combat et le pénible travail de la tranchée, où il faut lutter contre le froid et se préserver des balles et des obus de l'ennemi; heureux quand, durant la nuit, les travailleurs n'ont pas à repousser une sortie de la place. C'est ainsi que, jour par jour et presque heure par heure, nous suivons la vie du régiment.

Homme de devoir et de discipline, les jugements qu'il porte sur ses chefs sont d'un soldat qui sait obéir. Les portraits qu'il trace sont de main d'ouvrier. Ceux de Canrobert, de Pélissier, de de Failly nous paraissent mériter une mention spéciale. Il les a vus à l'œuvre; ses jugements reposent donc sur des faits certains et précis. A Inkermann, il signale, en passant, la conduite du prince Napoléon malade : « Sa présence en ce jour, dit-il, au milieu des soldats, fut un acte de courage et de dévouement dont l'opinion publique ne lui a pas assez tenu compte. » Rarement une parole de blâme, ou, si parfois il s'en trouve une sous sa plume, vite il semble vouloir l'effacer. Le général Mayran n'avait pas le don de se faire aimer du soldat; il le constate, il l'explique même; puis, craignant d'avoir été trop sévère : « Dieu nous garde, ajoute-t-il, de ne pas rendre justice à ses brillantes qualités militaires, il est mort en vaillant soldat et au champ d'honneur; paix à sa tombe! »

Les généraux que les Russes opposaient : Gortschakoff, Menschikoff, Totleben, immortalisés par leur défense, nous apparaissent, dans ce récit, dignes de leurs adversaires.

Si les chefs ont été à la hauteur de leur tâche, les troupes qu'ils commandaient ne le furent pas moins. Leur résignation et leur bravoure est au-dessus de tout éloge; un quart au moins de nos hommes, lisons-nous dans ce récit, a droit à son congé; on les retient néanmoins sous les drapeaux ; il est impossible, en face de l'ennemi, de se passer tout à coup des plus vieux soldats. Ils acceptent cette nécessité douloureuse, et pourtant ils ont pu mesurer, par les dangers qu'ils ont courus, ceux qu'il leur reste encore à affronter. Les enfants de nos villages se sont montrés dignes de leurs pères; ils ont eu toutes les vertus militaires, la bravoure, la patience, l'intelligence de la guerre et l'abnégation.

Les soldats russes paraissent dignes en tout point des nôtres. Dans cette bataille d'une année, ils furent religieux et fidèles; l'habileté de leurs chefs et les prédications des prêtres grecs ont su leur faire croire que leur cause était sainte, qu'ils souffraient et mouraient pour leur Dieu, leur foyer, leur Empereur; énergiques, d'une résistance à toute épreuve, impassibles devant le feu le plus meurtrier, nous les voyons, à Tractir, rappeler par la solidité de leur masse, la colonne anglaise de Fontenoy.

Jusqu'au dernier jour de la lutte, les Français ont donc trouvé devant eux des hommes naturellement braves, que les revers laissaient insensibles, et des officiers dont il est superflu de dire qu'ils ne le cèdent à personne pour la vigueur au feu, la ténacité et la constance dans les plus grands périls, le sentiment le plus délicat et le plus élevé du point d'honneur.

Des hommes de cette trempe et de cette valeur étaient faits pour s'estimer mutuellement; aussi, pendant l'armistice qui suivit la journée du 7 juin, Russes et Français semblent plutôt des compagnons d'armes que des ennemis. Les soldats russes sont bientôt mêlés aux nôtres, ils cherchent les corps de leurs officiers pour les emporter de l'autre côté du ravin, et y creuser leurs tombes. Ces hommes, qui depuis si longtemps sont occupés à s'entre-détruire, échangent des poignées de main cordiales et de bienveillantes paroles : *Bono francès! Bono moscoves!*

Dans cette lutte de géants, le 95me a été tout le temps à la peine et à l'honneur, il ne dépendra pas de M. Cullet qu'il ne soit à la gloire.

Son récit se recommande par lui-même, et après l'avoir lu, chacun pourra dire avec Montaigne : « Ceci est un livre de bonne foy. »

Le style en est simple, naturel, sans prétention littéraire, d'une concision toute militaire, suffisamment varié, malgré la monotonie inhérente au sujet. Il y a je ne sais quoi de modeste dans son allure, qui plaît au lecteur et lui dévoile l'âme de l'écrivain.

Dans la Dédicace qu'il fit de son histoire de la guerre de Crimée au général Trochu, C. Rousset écrit qu'un des reproches qu'on fait à la guerre de Crimée, c'est qu'elle aurait aliéné la Russie de la France, et c'est à tort, dit-il, « car non seulement il y a eu au milieu des hostilités entre l'armée française et l'armée russe une sympathie notoire, mais, fait aussi notoire et plus considérable, jamais la France et la Russie n'ont été aussi près de s'entendre qu'après le traité de Paris. » Cette sympathie, dont parle C. Rousset, nous croyons que les mémoires de M. Octave Cullet la prouvent surabondamment, et ce ne serait pas la moindre de nos récompenses, si cette publication servait dans une faible mesure à resserrer les liens qui semblent de plus en plus devoir unir ces deux nations si bien faites pour s'entendre.

Un dernier mot pour finir. Le capitaine Cullet raconte le fait suivant : Deux prisonniers de guerre, le capitaine Lemoine et l'enseigne de vaisseau Levesque, présentés à l'empereur Alexandre, reçurent de lui un accueil amical; il leur tendit cordialement la main, en leur disant que c'était la main d'un ennemi, mais que bientôt ce serait celle d'un ami.

Ce souhait, depuis longtemps, était celui des deux nations. Déjà, à six reprises différentes, sous les règnes de Pierre le Grand, d'Elisabeth, de Paul, d'Alexandre Ier, de Nicolas Ier, et enfin sous celui d'Alexandre II, la Russie a tenté de conclure une alliance avec nous; par la force des choses et les intrigues de la politique, tous ces essais ont avorté. On a traité souvent cette alliance franco-russe, d'alliance contre nature, de mariage contraire à toutes les convenances, et, cependant, voici que les choses ont changé; l'espérance d'Alexandre II est devenue une réalité. L'hégémonie de l'Allemagne et des puissances qui lui obéissent, formant une coalition redoutable tout autant à l'Est qu'à l'Ouest, la communauté d'intérêts a rapproché la France de la Russie. Les fêtes de Cronstadt et de Toulon semblent avoir scellé un pacte plus solidement que tous les sceaux des chancelleries. Nous avons encore présentes à la mémoire ces inoubliables journées d'octobre, où la France a su montrer, au milieu d'un enthousiasme inconnu jusque-là, la dignité d'un peuple fort.

Puissent les événements n'avoir jamais à mettre à l'épreuve la solidité des liens qui unissent les deux nations.

Nous connaissons l'œuvre, voyons l'écrivain. Quelques mots sur sa famille ne nous semblent pas déplacés.

Marie-Octave Cullet appartenait à une famille de vieille bourgeoisie belleysanne, dont nous possédons la généalogie depuis le seizième siècle. Le plus ancien membre de cette famille, qui nous soit connu, est un Jean Cullet, dont nous ignorons la profession. Nous trouvons consignée sur un *livre de raison* la naissance de son fils Melchior en 1589. Melchior devint docteur en droit, avocat au bailliage du Bugey. Ses descendants se distinguèrent soit dans les professions civiles, soit dans le métier des armes.

Pendant que son fils aîné Philibert, né en 1622, conservait l'héritage paternel, et, par son mariage avec Catherine Lomel, perpétuait seul la race, deux cadets suivaient la carrière militaire; l'un, Anthelme, fut tué au siège d'Arras en 1654, l'autre, Jean-Baptiste, entra dans les gardes du corps.

Nous avons une lettre de ce dernier datée de Nancy, du 21 juin 1680; elle est adressée à son neveu Jean Michel, fils de son frère aîné et chef à son tour de la famille. Il était avocat au parlement de Bourgogne et contrôleur au grenier à sel de Belley. Le plus jeune frère de Jean Michel désirait entrer aux gardes du roi, et le vieux praticien donnait à son neveu quelques conseils. « Si votre frère, dit-il, est dans le désir de venir dans les gardes du roy, sitôt la présente reçue ne manquez pas de le faire partir pour aller à Versailles, où il trouvera un agent de notre brigade nommé M. de Curli, et un sous-brigadier qui s'appelle M. Fermard qui le présenteront à M. de Luxembourg, pour le présenter au roy. Il n'y a point de mal à ce qu'il prenne une lettre de M. Baret pour le major. Il vous le faut faire un peu propre, et lui acheter un petit bidet de quatre ou cinq pistoles pour faire ce voyage. Ce sera meilleur marché qu'en carrosse. Quand il sera reçu du roy, si nous sommes encore à Nanci, il nous y viendra. Si votre frère juge plus à propos de venir passer par Nanci, il n'allonge son chemin que de quinze ou vingt lieues, il sera de Belley à Nanci en six jours. Il faut qu'il prenne de Dijon à Langres, de Langres à la Marche et de là à Nancy. »

Le jeune Laurent Cullet partit effectivement, et le prix du petit bidet vendu par l'oncle à l'arrivée ne semble pas avoir garni la bourse du neveu. Enrôlé dans les gardes du corps dans la compagnie de M. de Luxembourg, il n'y resta pas longtemps.

En 1684, Louis XIV voulant se préparer à la guerre que les exigences despotiques des Chambres dites de réunion allaient rendre inévitable, songea à augmenter l'effectif de ses régiments. En conséquence, il donna au garde du corps Cullet de Chirol, une commission de capitaine au régiment de Navarre, dont le colonel était M. de la Rocheguyon, avec ordre de lever une compagnie de cent hommes « à pied, français des plus vaillants et aguerroyés soldats qu'il pourra trouver et le plus diligemment possible ». Nommé le 21 février 1684, le capitaine de Chirol vint à Belley le 24 avril, avec onze recrues qu'il avait enrôlées en passant à Lyon. Accompagné de son sergent, un nommé la Lancette, il parcourut les environs et bientôt il a trente-quatre engagés. Au retour d'un voyage à Lyon, passant sur les bords du Rhône, le jeune capitaine est tué d'un coup de couteau par un de ses engagés, déserteur, qu'il voulait arrêter; c'était le 24 mai 1684. Il n'avait pas vingt-cinq ans.

A la suite de cet événement, il s'engage un curieux procès.

A la nouvelle de la mort de M. de Chirol, un de ses compatriotes, M. de Courtine, se hâta d'écrire à M. de Louvois, pour obtenir la compagnie en formation, et le 18 juin sa demande était accordée.

Les engagés, en attendant, étaient à Belley, installés dans les auberges du pays. Jusqu'au 18 juin, date de la nomination du nouveau capitaine, qui devait prendre la compagnie dans l'état où elle était, M. Michel Cullet, héritier de son frère, devait payer l'entretien des soldats; mais à partir de la nomination de M. de Courtine, les frais passaient à la charge du nouveau capitaine. Or, M. de Courtine ne fit connaître que le 19 juillet sa nomination, et prétendait ne payer l'entretien des trente-un engagés restant (trois ayant déserté) qu'à partir de cette époque. M. Michel Cullet refusant de son côté de solder les dépenses du 18 juin au 19 juillet, les hôteliers l'attaquèrent, réclamant 6 sols par jour par chaque soldat, 8 sols pour chaque caporal, ils étaient deux, et 10 sols pour le sergent, et de plus des frais de fournitures de souliers et de chemises (1).

(1) Tous ces soldats avaient des noms de guerre : le rapport du sergent la Lancette, justifiant de leur engagement et du prix fixé nous les fait connaître. C'étaient : Lafortune, L'Espérance, Lafleur, Jolicœur, Laramée, Leroy, Ba-

Le procès ne fut jugé que l'année suivante, en 1685, devant M. de Harlay, intendant de Bourgogne, et M. Cullet dut solder la note des hôteliers, sauf son recours contre M. de Courtine, auquel il réclama en outre la solde des soldats et les dépenses faites pour eux, depuis le jour de la mort de son frère, jusqu'au 18 juin, date de la nomination du nouveau capitaine. Nous ignorons la décision des juges.

L'état des frais, que nous avons sous les yeux, nécessités par la levée d'une compagnie pour laquelle le roi n'avait fait qu'une avance de 394 livres, nous explique bien la conduite pendant la guerre d'une foule de ces capitaines, cherchant à retrouver, par le pillage et les exactions, les sommes avancées par eux, que les passe-volants leur aidaient encore à retrouver.

Mais revenons à la généalogie de la famille Cullet. Jean-Michel, qui eut à soutenir le procès dont nous venons de parler, laissa dix enfants. Un de ses fils devint chanoine de la cathédrale de Belley en 1699; il avait 19 ans. Deux de ses filles entrèrent aux Ursulines; l'une d'elles mourut supérieure du monastère de Belley. Deux autres de ses filles épousèrent, l'une M. Vullierod, conseiller du roi, juge visiteur général des gabelles du Bugey; l'autre, M. Béatrix, receveur des consignations du bailliage du Bugey; deux noms très honorablement connus dans l'histoire locale.

Un seul de ses fils se maria, Jules, avocat au parlement de Bourgogne.

Nous connaissons trois de ses fils: l'un, Melchior, 1711-1774, avocat au parlement, juge visiteur des gabelles, fut maître particulier des eaux et forêts du Bugey, Valromey et pays de Gex; le second, Michel, devint maire perpétuel de la ville de Belley en 1740; le troisième, Jean-Baptiste, mourut brigadier des gardes du corps et chevalier de Saint-Louis. Ce M. Cullet Jean-Baptiste portait également le nom de Chirol, comme l'ancien capitaine au régiment de Navarre, c'est de lui que parle Brillat-Savarin dans la XIIIe méditation, 2e observation de la *Physiologie du goût*.

De ces trois frères, Melchior seul fit souche et fut père d'une nombreuse famille. L'aîné de ses fils, Jean-Baptiste, fut seigneur

guette, Lépine, Frappedabord, Laliberté, Lavigne, Ladouceur, Larivoire, Passepartout, Beauregard, Lafontaine, Dauphiné, Sanssouci, Léveillé, Bontemps, etc., etc.

de Montarfier (1) et de Virignin, avocat à la cour, conseiller du roi, et succéda à son père comme maître particulier des eaux et forêts; il traversa les orages de la révolution et mourut en son château, en 1825. Un de ses frères, chanoine, était mort le 13 thermidor an VI; un autre, nommé Charles-Philibert, appelé à un brillant avenir, mourut capitaine d'artillerie, le 2 thermidor an X, dans la funeste expédition de Saint-Domingue, en 1802.

Jean-Baptiste, qui avait épousé, en 1779, Anne Dumas de Beaujeu, laissa quatre fils. Antoine, l'aîné, par suite de son mariage, alla habiter en Dauphiné le château de Montgontier, qui était, dit-on, un ancien rendez-vous de chasse du duc de Savoie; il mourut sans enfants. Victor, né en 1785, entra au service en 1806; en 1813, pendant la campagne de Russie, il était capitaine adjudant-major, et, à la fin de la même année, chevalier de la légion d'honneur. Peu favorisé sous le gouvernement de la Restauration, ce n'est qu'en 1831 qu'il fut fait chef d'escadron, et en 1832 officier de la légion d'honneur. Après s'être distingué en Afrique, au siège de Constantine, il a pris sa retraite et est venu mourir à Belley, le 1er mars 1850, entouré de l'estime de ses concitoyens.

Pendant que le second fils de Victor, Alfred, choisissait sa carrière dans l'administration des douanes, où il est parvenu à un emploi supérieur, son fils aîné, Alexandre-Ernest, entrait à Saint-Cyr en 1843, et après une carrière militaire des mieux remplies, il a pris sa retraite en 1887, avec le grade de général de brigade; il est, depuis le 12 août 1880, officier de la légion d'honneur.

Le dernier des quatre fils de Jean-Baptiste Cullet, Eugène, né le 10 mars 1795, servit pendant quelque temps dans la garde d'honneur de Napoléon Ier, puis il revint au château de Montarfier, et fut jusqu'à sa mort maire de Virignin. Un de ses fils, Henri, qui naquit en 1828, suivit la carrière militaire et a pris sa retraite le 11 mars 1881, comme chef d'escadron; il est chevalier de la légion d'honneur.

Reste M. Hippolyte Cullet, le troisième des fils de Jean-Baptiste, né en 1787; il épousa, en 1818, Mlle Antoinette Rocoffort. Il continua à Belley les anciennes traditions de la famille et mourut dans sa propriété de Coron en 1862. Son fils

(1) Ce château, que possède aujourd'hui un enfant du pays, M. Vulliod, avait été bâti par Soufflot, pour le chanoine Constantin; il passa ensuite à la famille Cullet.

aîné Anthelme, qui fut longtemps adjoint au maire de la ville de Belley, mourut en 1876; c'est à sa veuve, née Garin de la Morfland, qui a pieusement recueilli tous les documents relatifs à cette ancienne famille qui s'éteint, que nous devons la bonne fortune d'en avoir eu connaissance. On nous pardonnera ces détails, qui nous ont retenu longtemps loin de l'écrivain que nous voulions présenter au public. Nous serions heureux, si l'intérêt, que nous y avons pris nous-même, était partagé par le lecteur.

Marie-Octave Cullet fut le second fils d'Hippolyte Cullet et d'Antoinette Rocoffort. Il naquit à Coron, hameau situé à l'est de Belley, au pied de la montagne de Parves. Son intelligence fut mise en éveil au contact de cette splendide nature des coteaux du Bugey; ses promenades champêtres développèrent en lui le goût des expéditions lointaines, et de bonne heure il manifesta l'intention d'être marin. Jeune encore, il commence de brillantes études au collège de Belley, et à 12 ans, quand il le quitte, en 1840, il allait entrer en quatrième. Envoyé chez les Jésuites à Chambéry, dont le collège, grâce à sa position sur la frontière, était alors très florissant, il va bientôt, à Paris, préparer l'examen de l'Ecole navale. A la pension Loriol ses succès continuent; et à 15 ans, en 1843, son rêve était réalisé, il était à Brest.

Une révolte des jeunes apprentis marins fit licencier l'école, et M. Hippolyte Cullet en profita pour diriger son jeune fils Octave vers la carrière militaire, qu'avaient suivie avec tant de distinction les membres de sa famille. Octave Cullet fut envoyé à Lyon, et, comme après cette demi-liberté de l'Ecole navale de Brest, il lui aurait été trop dur de reprendre la vie de collège, il fut confié aux soins particuliers de M. Foyer, professeur au Lycée. Son travail fut couronné par le succès; en 1846, il entrait à Saint-Cyr; il en sortait en 1848; il avait 20 ans.

Nommé sous-lieutenant le 27 mai au 20e léger à Marseille, M. Octave Cullet était lieutenant le 10 août 1853 et au moment de la déclaration de guerre, en garnison à Montpellier. Il fait toute la campagne de Crimée y compris l'expédition de Kinburn, assiste aux principaux combats de cette guerre glorieuse; il se distingue d'une manière particulière à l'Alma, à Tractir, au Mamelon-Vert et à l'attaque du Grand-Redan. Ce sont les seuls fait d'armes qu'il oublie de nous signaler dans sa narration.

Le danger pour lui n'est qu'un mot.

Un jour que sa compagnie était campée à l'extrémité d'une parallèle en face d'une embuscade russe, M. Cullet, alors lieutenant, entend tout à coup une vive fusillade venir du côté de l'ennemi. Il examine ce que cela pouvait être, il aperçoit bientôt un vol d'oies que les balles russes cherchent en vain à atteindre. Saisir un fusil et essayer à son tour d'abattre un volatile, fut pour lui l'affaire d'un instant ; du premier coup il réussit, et l'oie tombe raide, mais de l'autre côté du talus exposé aux balles russes. Le lieutenant n'hésite pas, il ira chercher son gibier. Il attache son mouchoir au bout d'une baguette de fusil et, l'agitant au-dessus du parapet, il crie aux russes : Bono moscoves. Ceux-ci font flotter à leur tour le drapeau blanc en criant : Bono francès. L'armistice est convenu. Sautant sur le parapet, le lieutenant se met à découvert ; l'officier russe montant à son tour sur le talus de son embuscade, s'offre héroïquement aux balles en garantie de l'engagement pris. M. Cullet s'avance, ramasse son gibier, salue les Russes, rentre dans la parallèle, les drapeaux sont abaissés et les hostilités peuvent reprendre (1).

Nommé capitaine le 10 août 1855, il est promu chevalier de la légion d'honneur le 16 avril 1856, et, au retour de la campagne de Crimée, il vient tenir garnison à Paris.

C'est durant l'hiver de 1856-1857 que, pendant un semestre de congé, il compose l'histoire de son régiment, que nous présentons aujourd'hui au public. Il s'aide de ses souvenirs personnels et des nombreuses lettres qu'il écrivait chaque semaine à sa famille. C'est à Coron, au foyer paternel, qu'il est revenu s'asseoir.

Dulcis amor patriæ, dulce videre suos,

disait-il à son tour. Au milieu des siens, durant les longues soirées, devant l'âtre où pétille le vieux hêtre de la montagne, il conte ses récits de guerre et, sur le désir de son frère Anthelme, il les fixe en les écrivant.

Le travail de M. Cullet date entièrement de cette époque et

(1) Ce trait, qui fait le plus grand honneur au sang-froid de M. Cullet, est raconté tout au long dans le volume *Français et Russes en Crimée*, publié en 1892 par le général Herbé, alors capitaine au 20e léger, puis major au 95e de ligne.
Le général de la Motterouge, dans ses mémoires sur la guerre de Crimée, à la date du 1er février 1855, parle d'un fait à peu près semblable.

n'a jamais été retouché ; le texte a été scrupuleusement respecté par nous. C'est une remarque qui nous semble importante pour apprécier le mérite de ses jugements.

Nommé adjudant-major le 24 mai 1859, il reçoit l'ordre du Medjidié, le 21 juin de la même année. Il ne prend pas part à la campagne d'Italie ; mais son tour allait venir.

La campagne du Mexique, cette énigmatique folie du second Empire, allait commencer. Parti de Toulon au mois d'août 1862, il est à la Vera-Cruz en octobre, et c'est là qu'il apprend la triste nouvelle de la mort de son père, M. Hippolyte Cullet, survenue après son départ.

Le capitaine Cullet reste cinq longues années au Mexique qu'il parcourt dans tous les sens; il assiste au siège de Puebla. Nous possédons les lettres qu'il écrivait à son frère durant cette longue campagne. Les jugements qu'il porte sur les hommes et les choses sont remarquables de précision et de sens pratique ; peut-être un jour les publierons-nous. En 1866, le 30 septembre, nommé major, il rentre en France, et va prendre possession de l'emploi de son grade au 54e de ligne, à Napoléon-Vendée. Le 4 juillet 1868, il est nommé chevalier de la Guadalupe, et le 30 septembre 1869, après trois années de séjour à Napoléon-Vendée, il est envoyé à Condé dans le Nord, comme chef de bataillon; il est toujours au 54e.

C'est à Condé que le trouve la déclaration de guerre de 1870. Le 54e de ligne fait partie de la 3e division du 4e corps sous les ordres du général Ladmirault ; le 2 août il appuie le mouvement du général Frossard sur Saarbruck; le 14, à Borny, le 54e reste simple spectateur de la lutte et ne tire pas un coup de fusil ; le 16, à Rezonville, le régiment arrive encore trop tard. Les lettres de M. Cullet et son journal de la campagne, nous montrent les préoccupations véritablement prophétiques du vaillant soldat attristé de cette lamentable désorganisation. Le 18, enfin, le 54e fut à la gloire, mais aussi à la peine ; il lutta toute la journée et eut à subir des pertes énormes : 557 soldats et 20 officiers, tous hors de combat. M. Cullet reçut une légère blessure. Le 26 et le 31 août, ont lieu des tentatives de sortie de Metz ; on passe la Moselle, puis on rentre définitivement le 1er septembre. Le 9, M. Cullet était nommé officier de la légion d'honneur, pour sa belle conduite sur le champ de bataille de Saint-Privat. Prisonnier de guerre le 27 octobre, il habite successivement Hambourg et Altona, et rentre en France au printemps de 1871. Il est dirigé sur le camp de Satory. En 1873, à la suite du voyage du Schah de Perse à Paris, il reçoit la décoration du Lion et du Soleil. En 1874, le 29 décembre, il est nommé lieutenant-colonel du 16e de ligne à Riom. C'est là qu'il passa les dernières années de sa vie, aimé des soldats et des officiers ; bientôt il ressentit les premières atteintes du mal qui devait l'emporter. A la nouvelle du nouveau malheur qui allait la frapper, Mme Anthelme Cullet, sa belle-sœur, malgré son double deuil (elle avait perdu depuis peu son mari et son fils unique) se hâta d'accourir à son chevet. Ses soins délicats et empressés ne purent lui rendre la santé, mais ils purent adoucir ses derniers moments. Malgré les difficultés de toute sorte, pour accomplir ses suprêmes désirs, elle le ramène moribond à la maison paternelle, et c'est à Coron, sous le toit de ses pères, où il était né cinquante ans auparavant, que M. Octave Cullet, consolé par les secours de la religion, rendit le dernier soupir, le 24 avril 1878.

Ses compatriotes lui firent de magnifiques funérailles. Plusieurs officiers du 16e de ligne étaient venus de Riom pour rendre les derniers devoirs à leur bien-aimé chef. On ne prononça pas de discours sur sa tombe, mais l'affluence et l'attitude recueillie des assistants témoignèrent assez de l'estime qu'avait méritée le courageux soldat et de la sympathie qu'inspirait la parente dévouée qui lui avait fermé les yeux.

Telle fut la vie trop tôt terminée du lieutenant-colonel Cullet. Porté sur le tableau d'avancement, il pouvait concevoir les plus belles espérances. Dieu en a décidé autrement et le vaillant soldat s'est religieusement soumis.

Regretté de son régiment, il le fut ; et M. Bertrand, major au 16e régiment d'infanterie, était l'interprète de tous quand il écrivait à Mme Anthelme Cullet les lignes suivantes : « Le lieutenant-colonel a laissé dans mon cœur un souvenir impérissable, car mieux que tout autre j'ai été à même d'apprécier la noblesse de ses sentiments, la droiture de son caractère pendant les deux ans et demi où j'ai eu l'honneur et le plaisir de lui tenir compagnie pendant dix heures par jour sur vingt-quatre. »

D'un courage à toute épreuve, d'un merveilleux sang-froid en face du danger, il avait su aussi bien par sa fermeté que par sa douceur s'attacher les soldats. Tous se seraient fait tuer pour lui. Voici à ce sujet ce que nous avons souvent entendu raconter.

Un jour, M. Hippolyte Cullet, son père, descendait la Croze, pour aller à Coron, quand il fut dépassé par un militaire qui rentrait dans sa famille. M. Cullet l'arrête, et, chemin faisant, la conversation s'engage. Il apprend que ce jeune soldat a fait la campagne de Crimée, et précisément dans le régiment et la compagnie de son fils Octave. Poussant plus loin ses interrogations, il lui demande s'il connaît le capitaine Cullet. « C'était mon capitaine », dit-il, et, regardant plus attentivement son interlocuteur, « mais, ajoute-t-il, vous êtes sans doute son père, eh bien, rassurez-vous, si jamais il lui arrive malheur, c'est que tous les soldats de sa compagnie seront tués. »

Nous terminerons par ce trait, digne des temps anciens. Nous laissons enfin au lecteur le plaisir de parcourir le récit du capitaine, plaisir qu'on nous pardonnera d'avoir retardé si longtemps.

Belley, le 30 décembre 1893.

Le récit des opérations militaires d'une longue campagne ne peut être l'œuvre d'un officier subalterne : il n'a pas connu le secret des combinaisons stratégiques qui ont préparé ou suivi la victoire, et le jour du combat, dans ces drames émouvants qui ont eu pour théâtre plusieurs lieues de front, pour acteurs des milliers d'hommes, perdu dans la fumée, il n'a vu qu'un coin du tableau, tout au plus peut-il raconter et décrire ce qui s'est passé devant lui ; à d'autres donc la tâche difficile de recueillir les éléments d'une histoire, de rattacher logiquement à leurs causes les faits accomplis, de les peindre avec sincérité, de les juger sainement, et, dans une certaine mesure, d'en prévoir les suites.

À lui le rôle plus facile de conter à la veillée, devant un petit cercle d'amis, quelques-uns de ces épisodes sanglants et glorieux, qui seront pour sa vieillesse un trésor inépuisable de souvenirs, et jusqu'à son dernier jour le sujet d'un légitime orgueil.

La guerre d'Orient a tenu pendant deux années l'Europe attentive, et souvent la France a tressailli quand les bulletins de nos généraux venaient lui révéler les prodiges de ses enfants. Pourtant bien peu savent encore combien, dans ces longs mois, la vie de nos soldats fut admirable de dévouement, de patience, de courage, et personne ne risque d'exagérer la louange en faisant de nouveau connaître et ressortir, leur activité incessante et opiniâtre dans les travaux, leur stoïque fermeté dans ces nuits de garde où, les pieds dans la boue des tranchées, les membres grelottants, ils voyaient à toute heure la chute ou la mutilation d'un camarade leur rappeler que la mort était là, leur inaltérable gaieté au milieu des privations, leur résignation chrétienne sur le grabat des ambulances, et pardessus tout cette bravoure inouïe, sous la pluie de balles et de mitraille qui, dans les assauts, fauchaient nos rangs pressés et broyaient par centaines nos intrépides fantassins.

Humblement mêlé à ces événements mémorables, sous le drapeau d'un régiment qui, depuis le premier jusqu'au dernier jour, en a pris généreusement sa part, nous avons eu l'heureuse fortune de les traverser sans cesser d'être présent à notre corps, et nous voici revenu entier au foyer paternel. Notre semestre d'hiver s'écoule à la campagne, loin de toute distraction; il nous prend fantaisie de recueillir nos notes et nos souvenirs, de les grouper tant bien que mal, et de les écrire. Le cadre de ce récit sera nécessairement restreint aux incidents de la lutte qui se sont passés sous nos yeux. Il nous semble que c'est une garantie d'exactitude; nous nous ferons, au reste, de la vérité un scrupuleux devoir, et nous prendrons un titre modeste, ce sera l'Histoire d'un Régiment de ligne pendant la guerre d'Orient; *elle ressemble à celle de tous les autres : tant mieux!* Ab uno disce omnes.

Les résultats matériels de la guerre peuvent être contestés; mais pour tout homme de bonne foi, un résultat moral immense s'est produit, les situations ont repris leur niveau légitime, et la France est au sommet; il est désormais démontré que la lourde épée de nos pères peut dormir quarante ans dans le fourreau, mais qu'elle ne rouille jamais. A la protestante Angleterre la puissance de l'or, l'orgueil de couvrir les mers de la fumée de ses navires et les côtes inhabitées de ses comptoirs, la gloire d'entasser dans son île les richesses du monde à côté des haillons d'une misère hideuse; à nous, la vieille France de Charlemagne, la force du soldat au service de toutes les nobles causes, nos légions de paysans se transformant en quelques semaines en vieilles bandes, prêtes à suivre, au bout du monde, celui que Dieu a ceint de la plus belle couronne de l'univers.

UN

RÉGIMENT DE LIGNE

Pendant la Guerre d'Orient

CHAPITRE PREMIER

LE DÉPART

LA diplomatie impuissante a dit son dernier mot, l'armée russe continue sur le Danube sa marche offensive, personne en Europe ne met en doute que la Turquie ne soit incapable de défendre son territoire et la route de sa capitale. Le départ de l'armée Anglo-Française est résolu ; en France, tous ceux qui ont l'honneur de porter l'épaulette attendent, respectueux et émus, que la volonté de l'Empereur ait désigné les corps qui vont aller au loin soutenir l'honneur du drapeau.

Nous avons peu d'espoir ; oublié depuis de longues années dans les garnisons du Midi, le 20ᵉ léger ose tout au plus aspirer à la guerre d'Afrique, seul champ qui reste ouvert depuis vingt-cinq ans aux ambitions militaires.

Nous sommes à Montpellier, l'esprit tendu, le regard tourné vers l'Orient; le 16 mars une dépêche électrique nous arrive, nous voici des élus; un renfort de onze cents volontaires, tirés d'autres corps, doit venir compléter notre effectif.

Nous faisons partie de la troisième division, le prince Napoléon la commande (1). Au premier moment d'enthousiasme succède l'activité des préparatifs : les mulets de bât sont achetés, les mille objets de campement sont réunis, les cadres s'ouvrent pour recevoir les nouveaux venus, et le 10 avril, sur l'Esplanade de Montpellier, deux magnifiques bataillons de guerre, de 1.000 hommes chacun, passent leur revue d'adieu.

Le général de Salles, que plus tard nous retrouverons commandant un corps en face de l'ennemi, nous fait former le cercle, et, dans une allocution chaleureuse, il se fait l'éloquent interprète des sympathies et des vœux qui nous accompagnent.

Le 13 est le jour du départ, nos soldats ont été choisis

(1) Le prince Napoléon était fils du prince Jérôme, roi de Westphalie, et de la princesse Catherine de Wurtemberg. Né en 1822 à Trieste, il vint en France avec son père en 1847; élu député à l'assemblée constituante, il siégea parmi les républicains modérés. A la suite du coup d'Etat, il se retira un instant de la vie politique, mais après le rétablissement de l'Empire, appelé à l'hérédité par le sénatus-consulte du 23 décembre 1852, il prit son titre de prince, fut nommé général de division, et fit en cette qualité la campagne de Crimée. En 1859, son mariage avec la princesse Clotilde, fille de Victor-Emmanuel, est le prélude de la guerre d'Italie, où nous le trouvons à la tête de la division chargée de protéger la Toscane. Il devient, à la fin de l'Empire, partisan des réformes libérales, et, après la déclaration de la guerre à la Prusse, il essaye vainement d'entraîner Victor-Emmanuel dans notre alliance. Il affecta, depuis, des idées républicaines et démocratiques. La mort du prince impérial (1er juin 1879) le classe parmi les prétendants, et il est expulsé de France en juin 1886. Il est mort à Rome le 18 mars 1891.

Il laisse trois enfants: le prince Victor, né en 1862;

Le prince Louis, né en 1864, actuellement lieutenant-colonel au service de la Russie, à Tiflis;

La princesse Lætitia, née en 1866, veuve, depuis le 18 janvier 1890, de son oncle le duc d'Aoste, l'ex-roi d'Espagne, qu'elle avait épousé en 1888.

avec soin parmi les plus robustes et parmi ceux que quelques années de service ont déjà rompus à la discipline et pénétrés de l'esprit de corps ; ils partagent l'ardeur de leurs officiers, les six étapes de Montpellier à Marseille se font gaiement et sans traînards ; le 20 avril, nous voici casernés au Lazaret, attendant notre tour d'embarquement.

Depuis quelques semaines, Marseille a vu doubler l'activité de son port et de ses quais ; les navires de l'Etat, amarrés à la jetée de la Joliette, reçoivent chaque jour de nouveaux bataillons, et prennent tour à tour la mer, salués par les hourras des centaines de vaisseaux à l'ancre dans le port ; c'est merveille de voir avec quel ordre et quelle rapidité hommes, chevaux, canons, sont embarqués sans encombre, et prennent le large pour le rendez-vous commun.

Le maréchal Saint-Arnaud vient d'arriver; nulle part nous n'avons encore eu l'occasion de voir le général en chef : l'impression que va nous produire la première entrevue avec celui qui tient dans ses mains le sort de la campagne, nous préoccupe vivement.

Présentés en corps au maréchal, il n'y eut qu'une voix parmi nous : cette martiale et noble figure où brille une intelligence supérieure, ce vaste front pensif qu'éclaire un regard loyal, cette parole chaleureuse et simple à la fois, et jusqu'à sa haute taille courbée sous les fatigues d'une longue carrière de combats, et les étreintes d'un mal inconnu, contre lequel la puissante organisation de cet homme lutte avec une indomptable énergie, tout en lui nous séduit et nous entraîne.

La vie politique du maréchal, la part qu'il a prise au laborieux enfantement du second Empire, appartiennent à l'histoire, mais à nous, soldats, sa vie militaire, à nous son passé d'Afrique, et surtout les derniers mois de cette existence qui doit si glorieusement finir un jour de gloire.

Disons-le hautement, tant qu'il a vécu, le maréchal Saint-Arnaud a été la pensée et l'âme des armées alliées ; sa haute intelligence concevait les desseins, modifiait les plans, sa parole claire et convaincue les imposait à ses collègues du commandement, son activité incessante veillait à tout, et si un jour la victoire est venue récompenser ses efforts, c'est que sur le champ de bataille rien n'a manqué à ce vaillant homme, ni les savantes combinaisons d'un tacticien habile, ni les inspirations soudaines du génie, ni l'entraînement d'un chevaleresque caractère et d'un bouillant courage.

Passés en revue le 24 avril, le 29 nous escortions le maréchal au milieu d'une population frémissante. Le *Berthollet* l'attend, les salves d'artillerie, les fanfares militaires saluent son départ. Hélas! nul ne prévoit que six mois plus tard le même vaisseau rapportera les restes inanimés du héros (1).

Notre tour arrive le 6 mai. L'*Euphrate*, beau vaisseau de 500 chevaux de la Compagnie Impériale, voit nos petits fantassins disparaître dans ses vastes flancs; l'état-major et cinq compagnies s'installent à l'aise à côté de nombreux passagers; le *Thabor* et le *Gange* doivent, quelques jours plus tard, amener le reste du régiment.

Le colonel, nos officiers supérieurs sont confortablement aux premières, le salon des secondes est notre lot, nos soldats sont campés sur le pont; le temps est superbe.

Le 6 au soir tout le monde est à bord, et le 7, à 5 heures du matin, nous perdons de vue la côte de France qu'un si grand nombre d'entre nous ne devait plus revoir. Devant cet avenir de dangers, de gloire, et surtout de mystère, les impressionnables se sentent émus; on se rapproche des amis, et l'on sent se resserrer les liens de la fraternité militaire, qui seule, avec le sentiment de l'honneur et du

(1) Jacques Leroy de Saint-Arnaud était né en 1798; il entra dans les gardes du corps en 1816, puis abandonna le métier des armes qu'il reprit en 1831 et devint officier d'ordonnance du général Bugeaud. Envoyé en Afrique en 1836, il se signala en particulier à la prise de Constantine, à l'attaque du col de la Mouzaïa, et à la prise de Mascara; général de division après l'expédition de Kabylie, il est appelé à Paris; bientôt ministre de la guerre, il aide au coup d'Etat et reçoit le bâton de maréchal de France. Il mourut le 29 novembre 1854, trois jours après la bataille de l'Alma.

devoir, va nous consoler au milieu des rudes épreuves qu'il nous est facile de prévoir.

Nos passagers sont presque tous militaires, des officiers détachés, le général Cassaignoles, le colonel Lagondie, le commandant Vico, attaché à l'état-major anglais, des employés du trésor et de l'intendance, organisation admirable qui, à 800 lieues de la patrie, va pourvoir à tous nos besoins.

Les causeries du bord, la gaieté et le confort des repas, la beauté du ciel, tout, jusqu'à la vitesse du navire qui file douze nœuds, nous aide à passer les heures ; le 8 nous traversons les bouches de Bonifacio et nous voguons à toute vapeur dans la mer de Sicile ; à droite les îles Lipari, à gauche Stromboli qui fume toujours, fuient à l'horizon, les pics neigeux de l'Etna paraissent devant nous ; les côtes se rapprochent des flancs du navire ; à l'entrée du détroit de Messine le paysage devient grandiose.

Les montagnes de Calabre, arides et dénudées, bordent la côte italienne ; de temps à autre leurs flancs s'entr'ouvrent en ravin profond, lit desséché d'un torrent. Le rocher de Scylla, le gouffre de Charybde, nous laissent innocemment passer ; à droite la côte est riante et boisée, les coteaux descendent vers la mer en pente douce, parsemés de villas élégantes qu'entourent des haies de cactus.

A deux heures nous mouillons dans le petit port de Messine, dont le goulet étroit est flanqué à droite par la citadelle, à gauche par des batteries circulaires ; devant nous la ville couvre en amphithéâtre le versant de la colline. Nous avons deux heures de relâche, c'est juste ce qu'il faut pour aller à terre et parcourir la vieille cité.

De larges rues parallèles aux quais, bordées de maisons élégantes aux innombrables balcons de fer, sont pavées de dalles. Les rayons d'un soleil ardent, des nuées de mendiants qui nous assaillent de toutes parts ne nous empêchent pas de gravir les rues montantes, d'entrer dans les églises, dont les nefs sont couvertes, à la mode italienne, de fresques que nous n'avons pas le temps d'admirer.

Au coin des monuments et des places publiques, des soldats napolitains nous portent les armes ; à leur capote bleue, à leurs pantalons rouges, de loin, mais de loin seulement, on les prendrait pour les nôtres.

Sur la route de tous les navires qui vont et viennent d'un bout à l'autre de la Méditerranée, Messine, avec son port et ses 80.000 âmes, pourrait devenir une des reines de cette mer; mais sous son soleil brûlant il fait si bon dormir dans un doux *farniente !* donnez donc à ces populations nonchalantes et satisfaites la fiévreuse activité de nos villes industrielles, l'ambition qui pousse aux grandes choses, l'*auri sacra fames !*

A cinq heures nous sommes à bord; courant dans la passe difficile du détroit, nous dépassons Reggio, devenu le nom et le titre d'une de nos plus glorieuses familles militaires (1) ; le cap Spervente est doublé la nuit du dix au onze ; l'*Euphrate* vogue en pleine mer Ionienne, par un calme enchanteur, sous le ciel du Midi, si pur et si étoilé. A l'aube, nous doublons le cap Matapan, point le plus méridional du continent européen.

A notre droite, Cerigo, les montagnes de Crète ne restent en vue que quelques heures, le navire tourne au nord dans le golfe de Nauplie ; le soir à sept heures nous franchissons la passe étroite du Pirée, où nous mouillons à la nuit tombante. Une frégate anglaise est à l'ancre à côté de nous, elle nous salue de l'air de *la Reine Hortense*, qui va, pendant cette campagne, nous servir d'hymne national ; debout sur les vergues, ses matelots poussent un triple hourra de bienvenue ; nous répondons de notre mieux, les musiciens du 20e ont laborieusement appris le *God save the King* dont nous avouons ne pas comprendre la musique lourde et sans caractère.

Il est trop tard pour aller à Athènes. A demain la visite classique de l'Acropole ; les souvenirs de Périclès et

(1) Le maréchal Oudinot fut créé duc de Reggio, le 7 juillet 1809. Le général Oudinot, son fils, devenu à son tour duc de Reggio en 1841, dirigea en 1849 l'expédition de Rome.

d'Alcibiade nous laissent dormir, c'est une insouciance bien coupable pour des écoliers, qu'on a, dix années durant, nourris de la contemplation de ces si grandes choses, accomplies sur un si petit théâtre.

Le Pirée est une petite ville presque neuve ; nous y trouvons de légères calèches attelées de deux chevaux agiles qui vont lestement franchir les deux lieues de la mer à Athènes.

Les premiers rayons du soleil dorent les sommets de l'Acropole quand nous franchissons l'enceinte; pour arriver au pied du rocher où sont entassées les ruines, nous traversons la vieille ville; les rues sont étroites et tortueuses, les maisons de bois noires et sales; nous gravissons par un sentier difficile, un officier français au service de la Grèce nous sert de cicerone, le général Cassaignoles est avec nous; à l'enceinte crénelée qui entoure le plateau, un vétéran grec logé dans la muraille nous ouvre les portes.

Ici je m'arrête, il faudrait de longues heures pour voir en détail, et, pour décrire, une plume de savant et d'artiste......... Colonnes encore sur pied ou jonchant le sol, fûts à demi brisés!..... Le Parthénon seul est debout, des nuées d'oiseaux de nuit, hôtes solitaires de ces ruines, s'envolent à notre approche, nous n'avons que le temps d'admirer en masse. Là, sous nos pieds, la plus brillante civilisation de l'antiquité avait à plaisir entassé ses chefs-d'œuvre; l'âme est saisie d'une involontaire tristesse; que reste-t-il d'un grand peuple qui semble avoir atteint, dès les premiers âges du monde, aux plus hautes conceptions de l'intelligence, à l'apogée de tous les arts?

La vue s'élance au loin sur une plaine immense que bornent à l'horizon les montagnes du Pentélique. Nous descendons dans la ville nouvelle : ici les rues sont plus larges, l'aspect général moins repoussant; le palais du roi Othon (1), entouré de pelouses vertes dessinées à l'an-

(1) Après l'assassinat de Capo d'Istria (9 oct. 1832), la Grèce fut plus que jamais en proie à l'anarchie. Les puissances signataires du traité

glaise, ressemble assez à une de nos casernes de cavalerie ; des soldats bavarois vêtus de gris montent la garde aux portes des jardins.

En quelques instants nos véhicules rapides nous ont conduits au navire. Il est dix heures ; l'*Euphrate* a repris son vol au travers du golfe d'Athènes ; les îles de l'Archipel surgissent tour à tour du sein des flots, rochers stériles et nus, villages rares et de chétive apparence.

Le 13, au matin, les côtes de l'Asie Mineure, à notre droite, courent, emportant le tombeau d'Achille, *et campos ubi Troja fuit ;* à gauche, Ténédos, et sa ville gracieuse et bien bâtie. A huit heures, nous entrons dans les Dardanelles, le paysage change, les rives sont vertes et boisées ; la côte d'Asie surtout nous paraît couverte d'une végétation splendide. A midi, nous mouillons dans la rade de Gallipoli.

d'Andrinople intervinrent et imposèrent pour roi Othon, fils cadet du roi Louis Ier de Bavière. Les Bavarois envahissent la Grèce et mettent au pillage ses richesses artistiques, ce qui explique la richesse de la Glyptothèque de Munich. Très impopulaire, le roi Othon est obligé de s'enfuir devant l'insurrection de 1862. On choisit alors pour roi Georges Ier, 2e fils du roi de Danemark Christian IX. Georges Ier a épousé, en 1867, la princesse Olga, nièce de l'empereur Alexandre II. Le fils aîné de Georges Ier, Constantin, duc de Sparte, a épousé, en 1889, la princesse Sophie de Prusse, sœur de l'empereur Guillaume II.

CHAPITRE II

GALLIPOLI — CONSTANTINOPLE — VARNA

MAITRES de la mer, les généraux alliés devaient chercher sur la côte un point facile à défendre, base de leurs opérations futures, refuge assuré en cas de revers. La presqu'île de Gallipoli remplit ces conditions; elle est boisée, l'eau y abonde. Coupée par quelques travaux de campagne du côté de la terre, défendue par l'armée, approvisionnée par l'escadre, elle est à l'abri de toutes les tentatives de l'ennemi; solidement adossés à nos dépôts, à nos magasins, à nos hôpitaux, nous pouvons de là aller au-devant de l'armée russe, en deçà ou au delà des Balkans, lui barrer la route de Constantinople, peut-être la battre et la rejeter de l'autre côté du Danube.

Les divisions françaises sont campées isolément, la première, en arrière du village de Boulaïr, au nord de Gallipoli, la seconde, à la grande rivière dans l'ouest de la presqu'île. Le 13 mai au soir, nous sommes à terre, nos tentes se dressent à quelques pas de la ville.

Gallipoli est bâtie en bois, les rues sont étroites et sales, les Turcs nous regardent d'un œil impassible; la nouveauté du spectacle n'a pu les arracher à leur léthargique indifférence. La population paraît chétive et misérable. Les divisions se complètent par l'arrivée successive des corps partis de France et d'Algérie. Le 14, nous allons au camp de la grande Rivière; une partie de la division Napoléon y est déjà réunie sous le commandement provisoire du général de Monet. Le 20 mai, la division va camper au delà de Boulaïr. Le Prince arrive de Constantinople; sa tente se dresse au milieu des nôtres. Le reste du 20e léger est arrivé; le 22e léger, notre frère d'armes à venir, va camper à nos côtés.

Voici, telle qu'elle sera conservée jusqu'à la fin de la campagne, la composition de la 3e division :

Général de division : LE PRINCE NAPOLÉON.
Chef d'état-major : le colonel NESMES-DESMARETS.
Première brigade : général DE MONET.
19e bat. de chasseurs : commandant CAUBERT.
2e zouaves : colonel CLER.
4e infanterie de marine : colonel BERTIN DU CHATEAU.
Deuxième brigade : général THOMAS.
20e léger : colonel LABADIE.
22e léger : colonel SOL.
Deux batteries d'artillerie : command. Arthur BERTRAND.
Une compagnie du génie : capitaine FOURCADE.

Les zouaves, le 22e viennent d'Algérie. Le général de Monet, le général Thomas, sont des officiers d'Afrique. Le colonel Labadie est peut-être, de l'armée d'Orient, le seul officier qui date de l'empire. Le colonel Cler est un de nos plus jeunes commandants de corps.

L'armée se concentre rapidement; les quatre divisions seront bientôt toutes réunies, mais les *impedimenta* n'arrivent qu'avec lenteur. A la fin de mai, l'artillerie, le génie, l'intendance n'ont encore reçu que des approvisionnements incomplets. Les chevaux de l'artillerie et de la cavalerie, embarqués sur des navires de commerce, mettent de longues semaines à traverser la Méditerranée.

Le maréchal arrive le 26; il a été à Varna et à Schoumla, il a conféré avec le commandant en chef de l'armée turque, et semble impatient de se porter en avant. On ne peut y songer de quelques jours; l'infanterie seule est en mesure, et encore, comment, avant l'arrivée des moyens de transport, organiser ses convois ?

Le 27, une revue de tous les corps débarqués montre aux officiers turcs et anglais qui accompagnent le maréchal une armée superbe, à l'attitude martiale, aux allures nerveuses, et saluant son chef de ses acclamations.

Les travaux destinés à fermer la presqu'île se poursuivent activement. C'est une ligne continue de retranchements, et trois forts étoilés, qui reçoivent les noms des trois souverains alliés, mettent nos magasins, nos dépôts désormais à l'abri. Les prévisions d'une campagne aux Balkans semblent s'éloigner; les progrès de l'armée russe sur le Danube sont lents; l'habileté du général ottoman, solidement établi dans son camp retranché de Schoumla, la résistance de Silistrie, qu'une armée envahissante ne peut laisser sur ses derrières, doivent arrêter longtemps la marche des généraux du czar; si nous voulons, cette année, joindre l'ennemi commun, c'est au loin qu'il faut l'aller chercher. Gallipoli, trop éloigné du théâtre des événements, sera toujours la première étape du corps arrivant, mais le point d'appui d'où le mouvement offensif des alliés va se prononcer, doit être au delà des Balkans.

La réunion des armées alliées à Varna a été résolue. De là nous serons en mesure de secourir Omer-Pacha et de contraindre les Russes à lever le siège de Silistrie. L'ordre du départ arrive; avant de quitter les camps de Gallipoli, il importe de faire connaître la composition de l'armée. Autour du maréchal se presse un état-major où nous trouvons des noms connus et estimés: le colonel Trochu (1),

(1) Trochu, né en 1815, au Palais (Morbihan), élève de Saint-Cyr et de l'Ecole d'état-major, fit avec distinction ses premières armes en Algérie. Colonel au moment de la campagne de Crimée, il devint général de division à la suite de la campagne d'Italie, 1859. Tenu un peu à l'écart jusqu'en 1870, il fut nommé, le 18 août, gouverneur de Paris, devint président du gouvernement de la défense nationale. Elu député à l'Assemblée nationale, il donna bientôt sa démission, et depuis 1873 il vit dans la retraite.

les commandants Reille (1), de Gramont (2), de Puységur (3). Le général de Martimprey est chef d'état-major (4). Les colonels Lebœuf (5) et Tripier (6), commandent l'artillerie et le génie. L'abbé Parabère est l'aumônier en chef de l'armée ; chaque division a le sien. Nous aurons à revenir sur ces hommes dévoués qui ont partagé nos souffrances et nos dangers, et dont la présence au milieu de nous a consacré une fois de plus cette alliance toute chrétienne et toute française de l'épée du soldat et de la croix du prêtre.

Nous avons dit quels étaient les corps de la division Napoléon ; voici la composition des trois autres :

Première division : général CANROBERT.
Première brigade : général ESPINASSE.
1er bat. de chasseurs : commandant TRISTAN LEGROS.
1er de zouaves : colonel BOURBAKI.
7e de ligne : colonel LAVARANDE.

(1) Reille (comte), né à Paris en 1815, fils d'un maréchal de France sous Louis-Philippe, officier d'état-major qui devint colonel en 1859, général de brigade en 1865, et général de division en 1875, mort en 1887.

(2) Gramont (comte de), né à Paris en 1823, était colonel en 1870. Blessé à Reichshoffen, il fut nommé général de brigade le 27 octobre. Il est mort en 1881.

(3) Puységur (Jacques-Maurice de Chastenet, marquis de), né à Paris en 1825, avait épousé, en 1852, Louise Leroy de Saint-Arnaud, fille du maréchal ; il est mort colonel du 9e régiment de dragons, à Paris.

(4) Martimprey (comte de), né à Meaux en 1808. Elève de St-Cyr et de l'Ecole d'état-major, colonel en 1848, il était chef d'état-major à l'armée d'Orient où il devint général de brigade. De nouveau chef d'état-major durant la campagne d'Italie, il fut gouverneur de l'Algérie à la mort du maréchal Pélissier, et, en 1870, gouverneur des Invalides, où il mourut en 1883.

(5) Lebœuf, né en 1809. Elève de l'Ecole polytechnique, et de l'école d'artillerie de Metz, était colonel en 1854 et servit en Crimée où il devint général de brigade. Général de division en 1857, il commanda l'artillerie pendant la campagne d'Italie ; ministre de la guerre et maréchal de France en 1870, major général de l'armée du Rhin, il fut fait prisonnier à Metz avec l'armée de Bazaine. Il a vécu depuis dans la retraite, où il est mort en 1888.

(6) Tripier, né à Hesdin en 1814. Elève de l'Ecole polytechnique. Il fit toutes les campagnes d'Algérie et devint colonel en 1850. Nommé général de brigade pendant la guerre d'Orient, il était général de division en 1863, et dirigea les travaux du génie pendant le siège de Paris ; il mourut en 1875.

Deuxième brigade : général VINOY (1).
9e chasseurs : commandant NICOLAS.
20e de ligne : colonel DE FAILLY.
27e de ligne : colonel VERGÉ.
2 batteries montées.
1 compagnie du génie.
Deuxième division : général BOSQUET.
Première brigade : général D'AUTEMARRE D'ERVILLÉ.
3e zouaves : colonel TARBOURIECH.
Régiment de tirailleurs indigènes, colonel WIMPFEN.
50e de ligne
Deuxième brigade : général BOUAT.
3e chasseurs, commandant DUPLESSIS.
7e léger : colonel JEANNIN.
6e de ligne.
2 batteries montées. 1 compagnie du génie.
Quatrième division : général FOREY.
Première brigade : général D'AURELLE.
5e chasseurs.
39e : colonel BEURET.
74e : colonel LEBRETON.
Deuxième brigade : général DE LOURMEL.
26e de ligne.
28e de ligne.
2 batteries montées. 1 compagnie du génie.
Une brigade de cavalerie, 1er et 4e chasseurs d'Afrique : général d'ALLONVILLE. Un escadron de spahis sert d'escorte au maréchal et au prince Napoléon.

Canrobert (2), Bosquet (3), Forey (4), de Lourmel (5), noms aimés du soldat, aucun de ces hommes n'en est à

(1) Vinoy, né à St-Etienne-de-St-Geoire (Isère), en 1800. Engagé volontaire en 1823, il gagna tous ses grades en Algérie. Colonel en 1850, il partit en Crimée comme général de brigade et y fut nommé divisionnaire. Il prit part à la campagne, En 1870, commandant du 13e corps, il le ramena très habilement de Mézières sur Paris où il resta pendant le siège. Après la capitulation, il fut nommé commandant en chf de l'armée de Paris, se replia sur Versailles après le 18 mars, et, à la tête de l'armée de réserve, opéra sur la rive gauche. Il est mort en 1880.

(2) Canrobert (François-Certain), né en 1809 dans le Gers ; sous-lieutenant en 1828, il fait toutes les campagnes d'Afrique où il se distingue au siège de Constantine, au col de la Mouzaia, à la prise

son apprentissage de la guerre : l'Afrique a été leur école. Depuis de longues années la France les voit à l'œuvre, et pour mener à bien cette entreprise lointaine, l'opinion publique d'avance les avait choisis.

Les divisions Canrobert et Forey seront transportées par mer à Varna, la division Bosquet et la cavalerie s'y rendront par Andrinople et les Balkans ; le prince Napoléon, avec sa division, devra seul aller par terre à Constantinople montrer au sultan les régiments qu'il commande, et, de là, par mer, à Varna, rendez-vous général.

Nous voici donc en route, longeant la mer de Marmara, de Gallipoli à Constantinople ; le 19e chasseurs et la compagnie du génie forment l'avant-garde ; l'infanterie passe partout, mais à l'artillerie, aux convois, il faut une route ; c'est chose rare en Turquie qu'un chemin viable ; souvent nos chasseurs et nos soldats du génie, la pioche en main, aplanissent l'obstacle, élargissent les sentiers tracés à peine au milieu des bois. Jusqu'à Rodosto surtout, leur œuvre est difficile et pénible. Nous suivons à une journée de marche.

de Zaatcha ; colonel en 1847, il rentre en France en 1850, et devient général de division en 1853 ; commandant de la 1re division de l'armée d'Orient, il remplace le maréchal Saint-Arnaud, et cède à son tour le commandement en chef au général Pélissier ; il fait la campagne d'Italie et celle de 1870 ; depuis nommé sénateur, il reste aujourd'hui seul survivant des maréchaux de France.

(3) Bosquet, né à Mont-de-Marsan en 1810. Sorti de l'Ecole polytechnique, il va en Algérie où il reste jusqu'en 1853 ; il était général de division quand il alla en Crimée, où il devint légendaire par sa bravoure ; blessé, il fut forcé d'abandonner le service actif, nommé sénateur et maréchal de France. Il mourut en 1861.

(4) Forey, né à Paris en 1804, fit toutes les campagnes d'Afrique et rentra en France en 1844 comme colonel ; général de brigade en 1848, il était général de division en 1852. Après la campagne d'Orient, il fit celle d'Italie, où il battit les Autrichiens à Montebello. Il commença la campagne du Mexique, où il prit Puebla ; remplacé par le général Bazaine, le mauvais état de sa santé l'empêcha de prendre part à la campagne de 1870 et il mourut en 1872.

(5) Lourmel (de), né en 1811 à Pontivy, fit comme sous-lieutenant la campagne de Belgique ; envoyé en Afrique en 1841, il s'y signala par sa bravoure, en particulier au siège de Zaatcha ; colonel en 1850, il fit partie de l'expédition de Kabylie ; général de brigade en 1852, il reçut le commandement de la 1re brigade de la 4e division ; blessé mortellement à la bataille d'Inkermann, il mourut le 7 novembre 1854.

A quatre heures du matin les clairons sonnent le réveil, les mulets de bât sont chargés et conduits au rendez-vous, les tentes pliées : à cinq heures la colonne se met en mouvement. Les étapes sont courtes, on prend le café à moitié route ; à onze heures ou midi on arrive au campement, les tentes se dressent, les feux s'allument, les faisceaux brillent au loin, les sentinelles sont placées. Nos soldats fouillent les environs, leurs courses sont peu productives; des œufs, quelques chétives volailles s'ajoutent aux vivres de campagne, qui du reste sont bons et distribués avec exactitude.

Cette marche sans fatigue dure douze jours, la mer est à droite, sur la route quelques villages épars dont les rares habitants nous regardent passer sans quitter leur chibouq. La contrée est pittoresque, boisée, coupée de ruisseaux aux rives verdoyantes, Rodosto, Silivrie, villes de bois, dont la mer baigne le pied, peuplées d'un mélange confus de Turcs, de Grecs, d'Arméniens . . . .

Nos soldats sont insouciants et alertes, leur teint se bronze au soleil, ils se rompent à la marche, aux habitudes du bivouac ; une rencontre avec l'ennemi, et ce sont de vieilles troupes.

Le 11 juin, nous faisons notre dernière étape ; sur un plateau mieux cultivé, une vaste caserne turque. Daoud-Pacha va nous servir de quartier et loger une partie de notre monde ; ce sont de longs bâtiments rectangulaires ; au milieu, s'élève un pavillon où le prince, et son état-major viennent s'installer ; dans l'intérieur, de grandes salles et des rangées de lits de camp. La moitié de la division reste sous la tente, ce sont les plus heureux. Sur les lits de camp, abandonnés depuis peu par les soldats turcs, nous avons à nous défendre contre des myriades d'ennemis devant lesquels la fuite est l'unique moyen de salut.

Le 12, la première brigade nous a rejoints, nous sommes impatients de courir à Constantinople.

Stamboul est devant nous : une heure de marche par un chemin détestable qui traverse, à l'entrée des faubourgs, des cimetières turcs, nous conduit à l'enceinte que nous franchissons par la porte d'Andrinople. Un vieux mur crénelé avec des tours massives de distance en distance entoure la vieille Bysance; ces fortifications en ruines nous rappellent la date historique de 1453; la dernière heure du Bas-Empire ouvre le monde moderne : depuis le jour où il a disparu de la scène, les murailles de Constantinople n'ont pas eu à se couvrir de défenseurs.

Dans l'intérieur notre déception est amère, elle dépasse tout ce que nous avions pu prévoir : de longues rues tortueuses, étroites, des maisons de bois, des troupes de chiens affamés grouillant dans la fange ou dans la poussière . . . .

. . . .

A Constantinople, comme à Athènes, nous laissons aux touristes le mérite d'une description qui dépasse nos forces et sort de notre cadre. Grâce à notre uniforme nous pénétrons partout; nous courons les bazars; respectueusement déchaussés nous entrons dans les mosquées.

Depuis les croisés la reine du Bosphore n'a pas vu les soldats francs : au milieu des quartiers les plus populeux où la foule s'écoule à flots pressés, dans les bazars, sur les ponts de la Corne d'Or, nous passons sans provoquer la curiosité des indigènes.

Les rives du Bosphore, la ville aux Minarets, assise sur le flanc de la colline, le site en un mot qui s'offre au voyageur arrivant par la mer de Marmara, voilà le côté splendide de Constantinople; passez en savourant ce spectacle unique au monde, mais gardez-vous de pénétrer dans ces profondeurs malsaines et noires, où gisent des amas d'ordures et dans lesquelles s'agite une population innombrable, mélange de tous les peuples de l'Europe et de l'Asie.

Le 17 est un jour de solennité militaire : le sultan vient passer en revue cette avant-garde de l'armée française, dont les nombreux bataillons accourent à la défense de son empire. A dix heures nous quittons le camp de Daoud-

Pacha, nos hommes brossés, cirés, nos armes étincelantes ; sur le plateau de Ramitchiflik nos bataillons s'étendent en longues lignes multicolores, les zouaves, l'infanterie de marine en première ligne, le 20e et le 22e léger en seconde ligne ; derrière nous l'artillerie, un escadron de spahis, les chasseurs à notre droite, perpendiculaires à notre ligne de bataille. A notre gauche se forme rapidement une division turque, portant gaillardement le fez et la tunique ; l'artillerie nous semble manœuvrer avec ensemble et précision.

A midi, dans un tourbillon de poussière, apparaît le sultan *Abdul-Medjid* (1), suivi d'un état-major immense, bigarré des uniformes des trois armées ; le maréchal et un général anglais marchent à ses côtés.

Le sultan est vêtu d'une tunique sombre, coiffé du fez : sa mise sévère contraste avec la richesse d'une housse brochée d'argent qui couvre un magnifique cheval noir à tous crins ; son cavalier le conduit avec grâce.

Il passe lentement devant nos rangs ; nous avons tout le temps de voir sa figure pâle, encadrée d'une barbe noire et claire. Sa taille est penchée, son regard triste et doux, ses traits portent l'empreinte d'une jeunesse souffrante et usée ; cependant, devant le spectacle imposant qui se déroule devant lui, il semble s'animer et traverse au galop le champ de manœuvre.

Le défilé commence ; le Prince, qui a été recevoir le fils de Mahmoud, prend la tête de ses régiments.

La foule qui nous entoure paraît jouir avec avidité du spectacle : le pas gymnastique des chasseurs, le costume étrange des zouaves, contraste bizarre avec la tunique étriquée des soldats turcs, tout est nouveau pour elle dans cette scène militaire.

Les 20 et 21 juin, nous quittons nos cantonnements et nous voici de nouveau à bord de nos navires mouillés au

(1) Abdul Medjid, fils aîné de Mahmoud II ; il succéda à son père en 1839, et mourut en 1861 ; il créa en août 1852 l'ordre impérial du Medjidié.

fond de la Corne d'Or; les ponts ouverts nous laissent passer, nous admirons à loisir les rives d'Europe et d'Asie; à la nuit les côtes s'éloignent, nous sommes dans la mer Noire. Le lendemain à midi nous débarquons à Varna.

Rendez-vous général de toute l'armée alliée, Varna est assise au fond d'une baie, formée par les derniers contreforts des Balkans, entourée de mamelons fertiles et plantureux, semés de bouquets d'arbres, de vignes, de prairies. La ville se réveille d'une longue léthargie; ses quais, ses rues sont traversés en tous sens par la foule de nos soldats et de nos matelots; munitions, vivres, artillerie, matériel de toute sorte, la flotte apporte tout, débarque tout.

Les Turcs sont, comme toujours, immobiles au milieu de ce mouvement et de cette vie; mais les Bulgares payés par l'Intendance nous aident aux transports; leurs arabas, véhicules primitifs, aux roues pleines, à l'essieu tournant, circulent incessamment de la mer à nos magasins.

C'est en dehors des murs de Varna et à une petite distance que nous allons camper provisoirement. L'armée anglaise est disséminée près de nous : c'est pour la première fois que nous voyons ces beaux régiments aux brillants uniformes. Leurs habits écarlates, la haute taille de leurs soldats, la lente précision de leurs manœuvres nous étonnent et nous séduisent. Les Grenadiers Guards, les Col-Stream, les Highlanders surtout, aux jambes nues, aux tuniques écossaises, au bonnet de fourrure, font l'admiration de nos soldats.

Vues en détail, ces belles troupes ont leurs imperfections, leur habit rouge est trop étriqué, leur démarche raide. Au jour du combat ces automates ne pourront prétendre à nos mouvements rapides, à l'éparpillement intelligent et meurtrier de nos tirailleurs, à la furie soudaine de nos attaques, à toutes ces qualités qui font de nos petits fantassins les premiers soldats du monde; mais leur force de résistance est immense et leur solidité digne d'être admirée; la difficulté même de se mouvoir devient, quand l'armée anglaise se défend, une qualité précieuse, qui la rend toujours redoutable et souvent invincible. Leurs généraux, vêtus simplement, sont presque tous âgés.

Accoutumé à une nourriture succulente, à un grand confort de vêtements, le soldat anglais doit éprouver de rudes privations, si tous ces éléments de sa vie quotitidienne viennent à lui faire défaut dans une campagne lointaine.

Le 25 juin, toute la 3e division est campée en avant du village de Yéni-Koï, sur le versant nord-ouest des collines qui nous cachent Varna et la baie. Autour de nous le site est frais et riant : des bois, des ruisseaux, et de petits hameaux bulgares autour desquels paissent en liberté des troupeaux nombreux.

Notre installation au camp de Yéni-Koï peut être longue ; la levée du siège de Silistrie, la retraite de l'armée russe derrière le Danube, doivent jeter de l'indécision dans l'esprit de nos généraux : où aller saisir et combattre un ennemi qui se retire au travers d'une contrée ruinée et malsaine, et ne serait-ce pas folie d'entamer une marche offensive qui, en nous éloignant chaque jour de notre base d'opération, rapprocherait l'ennemi de la sienne ?

Dans la prévision d'un séjour qui peut se prolonger, notre camp se consolide ; de vastes gourbis de feuillage nous servent de lieu de réunion pendant le jour et nous abritent contre les rayons d'un soleil ardent. Une chapelle agreste s'élève en avant de notre première ligne, chaque dimanche, l'aumônier de la division y célèbre la messe, entouré d'une compagnie en armes. Le prince, l'état-major, la plupart des officiers et une grande quantité de soldats assistent au sacrifice divin. C'est un beau et consolant spectacle, que celui de ces hommes, le front courbé dans l'attitude de la prière. Les souvenirs du foyer, la famille absente, la patrie si loin, l'avenir si plein de mystères, certes les motifs ne manquent pas de se recueillir et de se réfugier dans les bras de Celui de qui vient toute consolation et toute force.

Chaque jour, devant le front des tentes, nous manœuvrons impatients et inquiets; les jours s'écoulent; où est l'ennemi? quel est le but de nos efforts? voilà le thème unique de nos causeries de chaque heure. Autour de nos tables rustiques, groupés par trois ou six, nous savourons, avec l'appétit que donne la vie au grand air, les chefs-d'œuvre culinaires d'un brave soldat, dont nos éloges stimulent le zèle et doublent la science.

Les jours se passent sans que rien vienne mettre un terme à nos stériles conjectures.

Le 5 juillet, une revue des 1re 3e et 4e divisions françaises par *Omer-Pacha* (1), rompt un peu la monotonie de notre existence journalière, il nous est donné d'y assister en curieux. Lord Raglan (2), les amiraux *Dundas* (3) et *Hamelin*, le prince de Cambridge (4), etc., sont aux côtés du généralissime ottoman et du maréchal, ils passent devant nos lignes immobiles, brillantes comme toujours de discipline, de force, de tenue martiale et fière.

(1) Omer Pacha, né en Croatie en 1806, se nommait Michel Lattas. En 1826 il était sous-inspecteur des ponts et chaussées à Zara. Obligé pour des motifs de famille de quitter son pays, il passa en Turquie et, choisi comme précepteur des enfants d'Hussein Pacha, il épousa une riche héritière et devint ensuite capitaine dans l'armée turque. Bientôt il parvint aux premiers rangs : en 1848 il était en Moldavie, en 1851 il fit la campagne de Bosnie et en 1852 celle du Monténégro, en 1853 il arrêta les Russes à Oltenitza. Disgracié pendant quelque temps, il mourut général en chef de l'armée turque en 1871.

(2) Lord Raglan, né en 1788, entra au service en 1804; aide de camp de Wellington en Espagne, il perdit un bras à Waterloo. Successivement général et lieutenant-général, appelé par lord Aberdeen à commander l'armée expéditionnaire d'Orient, il fut promu au grade exceptionnel de feld-maréchal; il mourut d'une attaque de choléra au mois de juin 1855.

(3) Dundas, James, naquit en 1785, prit part à l'expédition d'Egypte, devint contre-amiral en 1853 et reçut le commandement de l'escadre anglaise qui devait opérer dans la mer Noire; il bombarda Odessa. Remplacé par le contre-amiral Lyons, il mourut en 1862.

(4) Cambridge (prince de), né à Hanovre en 1819, est le fils aîné du duc Adolphe et de la princesse Augusta de Hesse-Cassel, et le cousin germain de la reine Victoria. Colonel à 18 ans, il était en 1852 inspecteur général de la cavalerie. Lieutenant général en 1854, il fait la campagne de Crimée, et en 1856 il est nommé commandant en chef de l'armée anglaise.

La division Bosquet, qui a passé par Andrinople, est venue rallier l'armée ; elle campe à notre gauche.

Dans les derniers jours de juillet une nouvelle fatale circule dans nos rangs : le choléra décime à Gallipoli les corps qui arrivent, deux généraux ont déjà succombé ; il fait son apparition dans les hôpitaux de Varna, et, suivant son habitude, le fléau grandit et redouble d'intensité dans la première période de son invasion. Campés au loin, nous avons l'espoir d'échapper à ses coups.

Le 23 juillet, un mouvement offensif est ordonné. Pour les deux premières divisions, pour la première surtout, c'est la fatale expédition de la Dobrutcha ; pour nous, qui ne suivons que de loin, c'est une marche pénible par une chaleur tropicale.

Une longue file d'arabas conduits par des Bulgares, qu'il est difficile de retenir même en les payant fort cher, portent nos munitions et nos vivres. Le prince est à cheval au milieu de nous ; le 24 nous sommes à Koloudja ; le 25 nous appuyons au nord, et le 27 nous campons à Bazarjick, au delà de cette ville abandonnée et à demi détruite depuis l'invasion de 1828.

Le 28 une pluie torrentielle inonde nos camps ; nous sommes obligés de les évacuer pour prendre une position plus élevée.

Le 29, nos avant-postes signalent une troupe nombreuse, ce sont les Bachibouzouks (1) du général Iusuf (2)

(1) Les bachibouzouks étaient les cavaliers irréguliers de l'armée turque, soldats volontaires et indisciplinés venus de tous les pays. Le maréchal Saint-Arnaud, désirant enrégimenter ces bandes de pillards, obtint du gouvernement turc le droit d'en choisir 4 mille parmi les plus braves et les mieux montés, il avait demandé et obtenu pour les commander le général Iusuf.

(2) Le général Iusuf était né en 1803, à l'île d'Elbe ; tombé très jeune entre les mains de pirates, il fut vendu à Tunis au Bey, qui le prit en affection et le fit élever ; à 17 ans, il était décoré du Nicham. Il s'évada en 1830, grâce à l'intervention du consul, M. de Lesseps, et alla se mettre à la disposition du général Damrémont en Algérie. Nommé capitaine, il conquit tous ses grades les armes à la main, et en 1848 il était nommé maréchal de camp au titre étranger ; en 1851 il était placé dans les cadres de l'armée française. Mis à la tête des bachibouzouks qu'on appelait les spahis d'Orient, il ne parvint pas à les discipliner et demandait le 15 août 1854 leur dissolution.

qui reviennent encombrés de malades et de mourants. Le choléra s'est abattu sur eux et sur les troupes de la division Canrobert; en quelques jours 1.800 hommes ont succombé sous la tente, loin de tout secours, au milieu de leurs camarades épouvantés de cette scène de désolation et de mort.

Le retour au camp s'effectue dans les journées des 30 et 31 juillet; notre marche est pénible, quelques cas de choléra nous attristent, et c'est l'âme oppressée par ces impressions douloureuses que nous venons nous établir à quelques kilomètres en avant de Yéni-Koï, près du village de Jefferlik, sur le bord de la forêt.

Les nouvelles les plus alarmantes nous arrivent du quartier général : les hôpitaux de Varna sont encombrés, les morts et les évacuations successives ne suffisent plus à les vider, nos soldats vont y servir d'infirmiers à leurs malheureux camarades.

La division Canrobert, rentrée par la route de Mengalia, les troupes de la 5e division arrivées de Gallipoli, sont cruellement décimées.

Il nous est donné, dans ces jours de deuil, d'apprécier le dévouement infatigable, l'active sollicitude du général en chef; il est partout, visitant les hôpitaux, consolant les malades, parcourant nos lignes, le front calme, l'âme ulcérée d'une douleur profonde qu'il dissimule avec une fermeté stoïque.

Des hôpitaux supplémentaires installés sous la tente, sur les hauteurs de Franka, sont remplis de cholériques. Le temps s'écoule au milieu de ces angoisses. Eloignée du théâtre où le fléau sévit avec fureur, la division Napoléon est heureusement préservée.

Dans la nuit du 10 août, une alerte soudaine nous réveille en sursaut, les clairons des divisions campées loin de nous, nous envoient les notes sinistres de la générale. Derrière le rideau de collines qui nous sépare du quartier général, une lueur rougeâtre s'élève à l'horizon, le feu est à Varna . . . .

L'incendie de Varna est un des épisodes les plus douloureux de la campagne ; en quelques heures un quartier tout entier est la proie des flammes, une partie des magasins de l'armée est anéantie. Des efforts surhumains, une lutte acharnée contre le fléau circonscrivent le sinistre ; les poudrières, environnées par l'incendie, sont préservées par des prodiges d'activité et de courage ; le maréchal, les généraux sont partout, dominant le tumulte, dirigeant les secours, donnant à tous l'exemple du sang-froid, s'obstinant dans une lutte désespérée ; leur dévouement a sauvé l'armée d'un désastre immense.

Les jours suivants, la situation s'améliore; on a mesuré l'étendue du désastre. Nos pertes sont considérables, mais elles n'affectent pas d'une manière sensible les approvisionnements de l'armée. Le choléra semble arriver à sa période décroissante, les bruits d'une expédition lointaine commencent à circuler dans nos tentes. L'abondance règne dans les camps, le moral des soldats est excellent ; devant cet espoir de joindre enfin quelque part cette armée russe que nous sommes venus chercher si loin, on oublie les misères présentes.

A Jefferlik, notre vie est calme ; le voisinage de la forêt, la fraîcheur du paysage, des courses au milieu des bois nous aident à passer le temps. Le village est près de nos tentes; nous nous approvisionnons à ses fontaines d'une eau limpide et pure; au delà commence le rideau des bois que traverse la route de Baltchik. Dans les clairières sont des huttes bulgares, entourées de petits vergers, où des buffles paissent librement à l'ombre. Les habitants sont doux et serviables, fiers de leur titre de chrétiens; on s'oublierait volontiers au sein de cette nature paisible, à cette époque de l'année surtout, où les ardeurs de la canicule rendent si doux à l'âme et au corps l'ombre des forêts, la fraîcheur des eaux et le sommeil au gros du jour : *speluncæ vivique lacus mollesque sub arbore somni*.

Il est difficile de se soustraire longtemps aux préoccupations du moment; autour de nous, tout s'apprête pour une entreprise inconnue encore, mais qui, dans notre pensée à tous, doit répondre à la fiévreuse impatience de l'armée, au caractère aventureux du maréchal, à la grandeur des sacrifices déjà faits, et surtout aux exigences de l'opinion publique qui, loin du théâtre des événements, s'irrite d'une inaction dont elle ne peut se rendre compte, les rapports du maréchal, les lettres même des officiers ayant toujours, dans la mesure du possible, diminué plutôt que grandi les cruelles épreuves que nous venons de traverser.

A nos côtés, des travailleurs, guidés par des soldats et sous-officiers du génie, viennent couper dans les bois des baguettes flexibles et fabriquer à la hâte des milliers de gabions. Dans la baie de Baltchik, une activité prodigieuse règne à bord de nos navires ; des centaines de vaisseaux marchands se chargent tous les jours du matériel de l'armée. De légers vapeurs, portant une commission composée d'officiers généraux des deux armées, ont pris le large pour aller au loin reconnaître la côte ennemie.

Le 25 août, un ordre du maréchal vient lever tous les doutes : nous allons en Crimée arracher à la Russie, par un coup de main dont l'histoire n'offre pas d'exemple, le port et la ville de Sébastopol, où sont entassés tous les arsenaux maritimes, tous les chantiers de construction du midi de l'empire, où surtout se cache à l'abri de fortifications formidables, dans une baie sûre et profonde, la flotte militaire qui a détruit l'escadre turque à Sinope, et qui peut, en quelques heures, jeter 40.000 hommes à Constantinople, et mettre à la merci d'un caprice du czar l'existence de l'empire ottoman et la paix du monde.

Nos régiments doivent laissser à Varna les soldats et les officiers peu valides, et compléter à 650 hommes les bataillons qui vont s'embarquer ; le colonel désigne ceux de nos camarades qui, moins heureux que nous, restent en Turquie.

Le 28, le général Thomas passe une revue sévère et minutieuse de sa brigade. Un seul mulet pour six officiers doit porter bagages et vivres.

Le 29, les tentes sont pliées, la division se met en marche; le 30, nous venons camper à Baltchick. La division Canrobert s'est embarquée à Varna, les divisions Bosquet et Forey sont au rendez-vous; dans la journée du 1er septembre l'embarquement se fait avec ordre. Sur nos vaisseaux aux dimensions colossales, les bataillons se casent à l'aise; le *Valmy* porte 2.000 hommes du 20e et du 22e léger, le reste du 20e est placé sur la *Ville-de-Marseille*, avec une partie de l'infanterie de marine; le 19e chasseurs et le 2e zouaves sont disséminés sur l'*Alger* et le *Bayard*, le prince et son état-major sont à bord du *Valmy*.

L'effectif de l'armée alliée, embarqué le 1er septembre, s'élève à 56.000 hommes environ, ainsi répartis :

Français.	Infanterie, 40 bataillons . . .	24.000	27.900
—	Artillerie	2.000	
—	Génie	900	
—	Administration.	1.000	
Anglais.	Infanterie.	20.000	22.500
—	Cavalerie	1.500	
—	Artillerie	1.000	
Turcs.	Une division, commandée par Achmet-Pacha		6.000
			56.400

Arrivé à ce point de notre récit, nous avons besoin de nous recueillir; désormais la scène va changer, la période qui s'ouvre sera toute militaire. Les quatre mois écoulés depuis notre départ de France n'ont pas été perdus pour les résultats ultérieurs de la vaste entreprise dans laquelle nous sommes engagés.

La présence des drapeaux alliés sur la rive droite du Danube a relevé le moral de l'armée turque; la défense héroïque de Silistrie, la retraite de l'armée russe, ont déplacé le théâtre des événements.

Les épreuves cruelles que nous avons traversées ont aguerri nos soldats; le choléra, les marches pénibles dans un pays sans ressources, la vie sous la tente ont endurci et formé tout le monde ; les plus faibles ont succombé ou restent à Varna. Ceux qui vont affronter les balles russes sont prêts et robustes ; le moral est excellent ; les péripéties émouvantes du champ de bataille les trouveront vaillants et forts.

Plus que jamais il importe d'avertir que nous n'avons pas la prétention d'écrire l'histoire de la campagne ; le rôle de notre régiment dans le long drame qui va s'ouvrir est assez honorable pour justifier notre œuvre.

C'est dans un champ clos de quelques lieues carrées que les deux plus puissantes nations militaires du monde vont, dans un duel à mort, vider le débat qui tient en suspens la moitié du globe. Quoique absorbé par les exigences d'un service de chaque jour, il ne nous a pas été possible d'ignorer les incidents les plus remarquables de la lutte ; ils viendront tour à tour sous notre plume, le lecteur n'aura pas de peine à les distinguer de ceux dans lesquels nous avons été témoin ou acteur, et où notre 20e léger a le plus spécialement pris sa part glorieuse et meurtrière.

CHAPITRE III

LE DÉBARQUEMENT — L'ALMA

LE 2 septembre l'armée française tout entière est à bord des navires ; à côté de nous la flotte ottomane porte la division turque ; à Varna l'armée anglaise s'embarque avec sa lenteur habituelle ; nos alliés ne sont prêts que le 5.

Le 5 au matin, l'escadre prend le large dans un ordre imposant ; la brise est forte, nous marchons tous à la voile. Six vaisseaux de combat, peu chargés de soldats, sont en tête, neuf vaisseaux et quelques frégates portent presque toute l'armée, la flottille à vapeur est chargée du matériel et de l'artillerie.

L'amiral Hamelin (1), le maréchal sont à bord de la *Ville de Paris ;* le contre-amiral Bouet-Villaumez (2) est chef d'état-major, le contre-amiral Charner (3) commande la flotille à vapeur.

(1) L'amiral Hamelin, né à Pont-l'Evêque en 1796, enseigne de vaisseau en 1812, prit part à l'expédition d'Alger, vice-amiral en 1848, il commanda l'escadre qui opéra dans la mer Noire, plus tard ministre de la marine, il mourut en 1864.

(2) Bouet Villaumez, né en 1808, connu par son travail : « Descriptions nautiques des côtes comprises entre le Sénégal et l'Equateur », fut gouverneur du Sénégal en 1847, contre-amiral en 1854. Il servit sous les ordres de l'amiral Hamelin. Vice-amiral et sénateur sous l'Empire, il commanda en 1870 la flotte chargée d'opérer dans la la Baltique, il mourut en 1871.

(3) Charner, né en 1797 à Saint-Brieux, entra dès 1811 dans la marine et accompagna le prince de Joinville dans plusieurs voyages; chef d'état-major du ministre de la marine, il fut nommé contre-

Le 8 septembre nous sommes ralliés par l'escadre anglaise; aussi loin que le regard peut s'étendre à l'horizon, la mer est couverte de voiles innombrables : 34 gros vaisseaux, 300 vapeurs et bâtiments marchands s'avancent par une brise favorable, les escadres sont sur plusieurs lignes parallèles; le spectacle est grandiose, le développement de cet appareil formidable des deux puissances maritimes est digne d'elles. Si du haut de ses falaises l'ennemi peut le contempler, il est impossible qu'il ne soit pas frappé d'un sentiment de crainte qui ébranle d'avance le moral de ses soldats.

A l'aide de longues-vues nous voyons les généraux se rendre à bord de la *Ville de Paris* pour tenir conseil auprès du maréchal, dont l'état empire chaque jour et qui lutte contre le mal avec une énergie surhumaine; au moment où lord Raglan quitte le vaisseau-amiral, nous distinguons le maréchal qui l'accompagne vers l'escalier du bord et le salue cordialement. Des avisos à vapeur portent quelques officiers généraux qui sont allés reconnaître la côte, savoir des nouvelles de l'ennemi et choisir le point le plus favorable au mouillage des vaisseaux et au débarquement de l'armée.

A bord nous sommes impatients et émus; nul ne peut échapper aux préoccupations inhérentes à la situation : quelle est, en Crimée, la force de l'armée russe? Comment, sous le feu d'un ennemi peut-être supérieur en nombre, allons-nous aborder la plage? nous attend-il au rivage ou, plus prudent et trop faible, s'est-il renfermé dans Sébastopol pour s'y défendre à outrance? Nous pouvons deviser à l'aise dans ce champ de conjectures; quoique serrés dans nos hamacs suspendus dans l'entrepont, nous ne souffrons pas trop de l'encombrement; nos soldats étendus dans les batteries basses sont, comme nous, sérieux et graves, ils attendent avec impatience le dénouement.

Le 13, la terre est signalée; au loin dans le brouillard

amiral en 1852 et vice-amiral en 1855; en 1860 il commanda en chef dans les mers de Chine, amiral en 1864, il mourut en 1869.

nous voyons se dessiner les dentelures de la côte ennemie, nous sommes à la hauteur d'Eupatoria. Quelques compagnies d'infanterie de marine, conduites par le colonel Trochu, se jettent dans des chaloupes et débarquent sans obstacle; la garnison composée de peu de monde se rend sans coup férir ; les nôtres s'installent à sa place.

Eupatoria n'est pas le lieu choisi pour atterrir ; dans la nuit la flotte entière s'élève lentement au sud ; à 7 heures du matin tous les navires de haut bord viennent, remorqués par des vapeurs, mouiller à quelques kilomètres de terre.

Devant nous, la plage s'étend au loin, plate, stérile et déserte jusqu'à la limite de l'horizon. Le programme du débarquement, rédigé avec clarté par l'état-major de la Marine, a été lu dans toutes les compagnies ; aussitôt que les vaisseaux ont jeté l'ancre, les signaux de l'amiral donnent l'ordre d'amener à la mer les embarcations préparées d'avance et d'arriver à terre dans l'ordre prescrit.

A l'instant, la mer est couverte de chaloupes, de canots, de chalands de toutes les dimensions, qui s'emplissent de soldats et, remorqués par de petits vapeurs, arrivent à la plage dans un ordre admirable.

Les généraux Canrobert et Bosquet, le Prince, se sont déjà élancés sur le rivage; trois drapeaux de couleurs différentes marquent l'emplacement des trois divisions : des milliers de soldats les entourent et se forment à la hâte. A 2 heures, toute l'infanterie est à terre, une partie de l'artillerie l'a suivie.

La 4e division est allée dans le sud simuler une descente et tromper l'attention de l'ennemi; elle ne doit revenir que le lendemain, à la plage d'Oldfort où toute l'armée se forme rapidement.

A notre gauche, l'armée anglaise, avec le même ordre et la même célérité, a pris terre de son côté.

La plaine est pierreuse et nue ; quelques ondulations de terrain sur la droite, bornent l'horizon ; la division Canrobert s'y forme en bataille, à la gauche la division Bosquet, plus à gauche encore la troisième division. L'armée anglaise termine au nord cet immense demi-cercle que dessinent autour du point central de débarquement, les longues lignes de nos bataillons.

Le maréchal est débarqué ; toute l'armée défile devant lui en allant occuper ses positions. Tous les corps ont salué de *Vive l'Empereur!* le général en chef dont personne n'ignore l'état de souffrance et presque d'agonie.

Pendant que jusqu'au soir continue derrière nous le débarquement de l'artillerie, des chevaux, nous plaçons nos grand'gardes.

Nos hommes portent sur leurs sacs huit jours de vivres en riz, sucre, café, lard et biscuit. En avant du front de notre brigade est détaché le 1er bataillon du 20e, qui envoie à mille mètres plus loin une compagnie en avant-poste.

Dans la soirée arrivent nos mulets de bât, nos tentes. Une pluie fine nous a déjà pénétrés ; enveloppés dans nos cabans, nous dormons tant bien que mal sur la terre humide.

Le 15, la division Forey est de retour, elle débarque le soir par une mer assez mauvaise et vient se placer au centre de la position, près du quartier général.

Derrière nos tentes et un peu à gauche, est campée la division anglaise du général Brown (1) ; elle fait occuper un village que nous apercevons au loin dans la plaine ; nos hommes l'ont bientôt fouillé, ils en reviennent chargés de volailles et de canards, leurs bidons remplis d'un petit vin blanc que nous savourons avec volupté.

Les puits du village sont les seuls que l'on ait découverts dans cette plaine immense ; des corvées viennent y chercher l'eau nécessaire à l'armée. Nous plongeons vainement nos regards à l'horizon, nulle part on ne voit apparaître la moindre trace de l'ennemi. Placés sur un tumulus, nous échangeons avec quelques officiers les impressions

(1) Brown, général anglais, né en 1790, fit la campagne d'Espagne, puis traversa une longue période de paix ; lieutenant général en 1851, il fut, après la campagne de Crimée, élevé au grade exceptionnel de général d'armée.

de surprise que nous cause l'inaction de l'armée russe. Deux officiers anglais viennent se mêler à la conversation; l'un d'eux est un vieillard; leur mise est simple, ils ne portent ni épaulettes, ni décorations, mais la redingote noire d'état-major, à brandebourgs de soie. Ces messieurs causent avec nous avec une bienveillance toute paternelle: le plus âgé nous prête même la longue vue qu'il tient à la main. Au moment où ils s'éloignent, un officier anglais que nous connaissions, nous apprend que nous venons de causer avec les généraux Brown et Codrington (1).

Les journées des 16, 17 et 18 septembre s'écoulent dans une inaction forcée; il ne nous est pas difficile de voir que l'armée anglaise seule est la cause de ces retards, qui peuvent nous devenir funestes en laissant au prince Mentschikoff (2) tout le temps de se fortifier et de s'asseoir dans la position où il nous attend sur la route de Sébastopol.

Les quelques Tartares qui ont paru dans le camp, les prisonniers faits à Eupatoria, ont donné quelques éclaircissements sur la position et la force de l'armée russe.

Le bruit court dans nos rangs que cinquante mille hommes, avec une nombreuse artillerie et une cavalerie superbe, nous attendent à une marche dans le sud, sur des hauteurs d'un accès difficile, et qu'aucune armée du monde n'osera gravir sous le feu plongeant d'un ennemi résolu et admirablement commandé.

Enfin, le 18 au soir, l'ordre du départ est donné pour le lendemain; le 19 toute l'armée s'ébranle à la fois ; à droite, longeant la mer, la division Bosquet; au centre et un peu

(1) Codrington, né en 1800, fils de l'amiral Codrington, qui commandait à Navarin, se distingna surtout pendant l'expédition de Crimée, et, en 1855, il fut nommé général en chef de l'armée anglaise; en 1859, il était commandant en chef et gouverneur de Gibraltar; il mourut en 1884.

(2) Mentschikoff, arrière-petit-fils du favori de Pierre le Grand, naquit en 1789; entré dans l'artillerie de la garde, il fit, comme aide de camp d'Alexandre Ier, la campagne de 1812-1815, prit part à la guerre contre la Turquie en 1828. On connaît son rôle comme ambassadeur à Constantinople en 1853. Il est à la tête de l'armée russe en Crimée, jusqu'en 1855; il est rappelé après la mort de l'empereur Nicolas et chargé de défendre Cronstadt; il mourut en 1869.

en avant, la division Canrobert ; à gauche, la division du Prince; la division Forey et les Turcs à l'arrière garde; au milieu de ce losange, l'état-major, les bagages, l'artillerie de réserve.

A notre gauche l'armée anglaise, mais comme toujours partie quelques heures après. Le temps est superbe, le sol nu et stérile; aucun obstacle dans ces vastes steppes ne vient embarrasser la marche de nos colonnes ; cernés par nos lignes, des lièvres effarés bondissent dans la plaine, sous les pieds de nos soldats.

Après une marche de quatre heures, nous arrivons sur un rideau de collines peu élevées qui bordent une vallée large et moins stérile ; devant nous, une ligne de coteaux élevés, courant perpendiculairement à la mer, bornent l'horizon.

Cette fois-ci plus de doute : voici l'heure solennelle ; devant nous dans la plaine ravinée, et que nous ne dominons que bien peu du mamelon sur lequel nous nous sommes arrêtés, courent çà et là quelques partis de Cosaques, et, plus en avant, du côté des hauteurs, circulent des corps de cavalerie; au loin, sur les plateaux qui couronnent la chaine des collines, quelques tentes blanchâtres et de longues lignes qui semblent se mouvoir. C'est l'armée russe.

L'Alma baigne le pied de ces hauteurs; sur la rive gauche, les pentes commencent, escarpées et difficiles ; nous ne pouvons, du point où nous sommes, que deviner les sinuosités de son cours.

Conservant leur ordre de marche, les divisions placent leurs tentes. Vers deux heures, à notre gauche, les têtes de colonnes anglaises paraissent enfin.

Sur le front de notre ligne de bataille, les compagnies se détachent et vont se poser en grand-garde à mille ou douze cents mètres de l'armée. Le colonel Labadie vient lui-même choisir l'emplacement des deux compagnies du 20e, qui sortent des rangs de la brigade Thomas. La première est sur un petit mamelon, la seconde plus en avant sur le versant d'un ravin ; un poste de trente hommes de cette même compagnie est jeté en sentinelle perdue, à quatre ou cinq cents mètres au-delà. Au milieu du ravin, dans le fond, des fermes qui brûlent encore nous cachent quelques partis de cosaques ; en face, sur le versant opposé, un corps de cavalerie dont les armes étincellent au soleil; à peine le colonel est-il retourné au camp, qu'un régiment de uhlans descend rapidement le ravin, passe à gauche des fermes incendiées et marche droit sur notre avant-poste.

La situation devient critique; nos trente hommes prennent les armes et s'apprêtent à se défendre un contre vingt ; l'ennemi n'est plus qu'à trois cents mètres, mais la scène va changer. De derrière un petit mamelon, qui couvre à notre gauche les grand'gardes de l'armée anglaise, débouche au galop un peloton de 25 hussards anglais, qui vont décharger leurs mousquetons à quelques pas de la cavalerie ennemie et reviennent poursuivis mollement par les Russes étonnés de leur audace ; au même instant, une batterie anglaise, qui suit ces intrépides cavaliers, ouvre son feu sur le gros de la cavalerie russe; à notre droite, quelques pièces de la division Canrobert arrivent au galop, envoient quelques boulets au milieu des uhlans, qui s'arrêtent, tournent brusquement à droite, et rejoignent au galop le pied des hauteurs (1).

Au fond du ravin, les fermes sont évacuées par les cosaques ; nos soldats vont y chercher de l'eau.

Quelques instants avant cette échauffourée, un officier d'état-major a passé rapidement devant nous, poussant son cheval vers la plaine ; nous reconnaissons le colonel Lagondie, notre passager de *l'Euphrate*, qui, grâce à sa mauvaise vue, va donner au beau milieu d'un parti ennemi qu'il prend pour des Anglais ; entouré avant d'avoir pu faire un demi-tour, il reste au pouvoir des Russes.

(1) Le récit de cette échauffourée ne pouvait être fait par quelqu'un l'ayant vu de plus près : le poste de trente hommes du 20e, qui faillit être enlevé par les uhlans, était sous les ordres de M. Cullet.

La nuit arrive; elle est humide et froide, le commandant Leblanc (1), du 22e, vient visiter nos avant-postes. Les compagnies creusent autour d'elles un fossé dont l'épaulement les abritera pendant la nuit. « Messieurs, dit le commandant, vous êtes bien loin, il sera difficile de vous secourir; tenez-vous prêts; si vous êtes attaqués, faites-moi là votre petit Mazagran. » A minuit, notre travail est terminé; les sacs de nos soldats, le mulet bâté, nos cantines ferment par la gorge notre petite redoute; nous pouvons défier plusieurs escadrons.

Les cosaques sont venus réoccuper les fermes du ravin; sur toute la ligne française, les grand'gardes se relient par des sentinelles doubles.

C'est notre première nuit de garde devant l'ennemi; elle n'a été marquée par aucun incident, et cependant elle restera toujours dans nos souvenirs; la fatigue de la marche, l'escarmouche de la soirée, la certitude d'une grande bataille pour le lendemain, la nécessité de veiller debout l'œil ouvert et l'oreille attentive, tout a contribué à faire naître en notre âme des sensations inconnues. La France est bien loin, l'ennemi bien près; à cette heure, ceux qui nous aiment là-bas, dans ce petit coin du monde où s'est écoulée notre enfance, dorment tranquilles et insouciants : erreur! notre mère veille, elle prie. Dieu l'a écoutée, nous sommes revenu.....

Le 20 septembre, au matin, l'armée est impatiente et exaltée. Sur les plateaux couverts par l'armée russe, l'ennemi se forme en épaisses colonnes; son artillerie vient se mettre en batterie sur le versant des coteaux; à ses pieds les bords de l'Alma se garnissent de nombreux tirailleurs; à sa droite, la cavalerie couvre son aile; à sa gauche, la falaise à pic lui semble un rempart suffisant.

Au loin, devant nous, il nous est difficile de nous rendre

(1) Leblanc, né vers 1814, entré au service en 1834; au sortir de Saint-Cyr, fit toutes les campagnes d'Afrique jusqu'en 1845; commandant au 22e léger, il passa comme lieutenant-colonel au 50e de ligne. Il était à la tête de son régiment, quand il fut tué à l'attaque du Mamelon-Vert, 7 juin 1855.

compte des accidents du terrain que nous aurons à parcourir; jusqu'à la rivière la marche de l'armée sera facile; mais la rive gauche est escarpée, des vignes pendent sur les premiers contreforts; à peine aurons-nous franchi l'Alma, que l'ascension des hauteurs devra commencer. Sur le front de la ligne ennemie, au pied des collines, deux villages, Bourliouk et Almatamac sont pour elle un premier point d'appui. A notre gauche, devant les Anglais, les pentes sont couvertes d'artillerie et d'une infanterie nombreuse.

De six à dix heures, nous attendons l'ordre du départ; nous n'avons su que plus tard que, pour donner aux Anglais le temps de se mettre en mouvement, le maréchal a dû retarder de quatre heures la marche de ses colonnes.

A dix heures tout s'ébranle devant nous; les zouaves et l'infanterie de marine traversent la plaine d'un pas rapide, le prince est au milieu, les soldats sont en capote, les officiers en tenue de parade; notre marche a duré une heure et demie; il est midi, nous ne sommes plus qu'à quelques centaines de mètres de la rivière. Un feu violent de tirailleurs accueille notre première brigade; la fumée blanche de la canonnade couvre les hauteurs. Autour de nous les boulets commencent à labourer le sol.

Là-bas, sur notre extrême droite, le général Bosquet a suivi la mer; ses brigades semblent s'engouffrer dans les fissures de la falaise; son artillerie suit les colonnes.

A nos côtés, la division Canrobert a marché droit devant elle à la rivière, et, comme les nôtres, ses têtes de colonnes sont accueillies par des tirailleurs postés dans les vignes et dans les broussailles qui bordent le cours de l'Alma.

A notre gauche, l'armée anglaise s'avance avec lenteur dans un ordre imposant. Bientôt, là-haut, sur notre extrême droite, le canon du général Bosquet tonne sur le haut du plateau, et nous voyons les bataillons russes, stupéfaits de cette attaque soudaine, se rabattre en désordre sur le centre de la position.

Sur toute la ligne le feu est engagé : devant nous les

zouaves et l'infanterie de marine poussent les tirailleurs ennemis, franchissent l'Alma à droite du village de Bourliouk en feu, et commencent hardiment l'ascension des hauteurs. Une grêle de projectiles passe par-dessus la tête de notre première brigade et laboure le sol autour de nous ; mais déjà nous sommes trop avancés pour en souffrir ; les boulets vont s'enterrer derrière nous en sifflant sur nos têtes.

Nous marchons par bataillons en masse, l'arme sur l'épaule, droit à la rivière ; le prince est au milieu de nous, calme comme un Napoléon ; l'intendant Leblanc, qui est à ses côtés, a la jambe broyée par un éclat d'obus ; on l'emporte du champ de bataille.

L'Alma est franchie rapidement ; pour l'artillerie du commandant Bertrand (1), on ouvre une route dans la berge opposée, et tous ensemble nous montons derrière les zouaves qui sont déjà au sommet des hauteurs.

A notre droite, la division Canrobert monte de son côté ; les pièces ont dix ou douze chevaux chacune ; les soldats poussent aux roues, l'élan est admirable. Jusqu'à présent les projectiles ont passé sur nos têtes ; le général Thomas tombe de cheval, frappé dans l'aine en gravissant les premières pentes. Nous arrivons sur le plateau où nous attend le spectacle d'un combat acharné.

A l'extrême droite, et d'une crête qui domine la position de l'ennemi, le général Bosquet couvre de mitraille et de mousqueterie le flanc gauche de l'armée russe.

Au centre une masse épaisse, une artillerie nombreuse plient sous l'effort de la division Canrobert. Le 2e zouaves, l'infanterie de marine se sont jetés sur les mêmes masses, et soutenus par la 1re brigade de la division Forey qui est accourue, ils poussent l'ennemi qui se retire lentement en faisant un feu terrible sur ces intrépides régiments.

Devant nos bataillons du 20e et du 22e léger, une infan-

(1) Bertrand, fils aîné du grand maréchal du Palais, et comte de l'Empire. Bertrand était général d'artillerie, quand il mourut en 1876.

P. FAURE DEL.

B. DELAYE Sc. Lyon

LES ZOUAVES A L'ALMA

terie russe en masse profonde, a prononcé aussi son mouvement de retraite; montés en colonnes, nous nous déployons pour combattre; nous traversons ainsi l'ancien camp russe formé de huttes de paille, d'où à chaque instant s'échappent des tireurs ennemis. Nos compagnies d'élite en tirailleurs ont commencé un feu violent; à notre droite, les douze pièces d'artillerie du commandant Bertrand, protégées par le 19e chasseurs, lancent sur l'infanterie ennemie des masses d'obus et de fusées; le sol se couvre de cadavres russes. Nous n'avançons que lentement; les sinuosités du terrain font ricocher les boulets sur nos têtes; nos pertes sont presque nulles.

A notre gauche, du sommet de la hauteur où nous sommes, un spectacle imposant nous est donné par l'armée anglaise. Partie plus tard, elle s'avance en masses serrées, et monte la colline sur un terrain difficile, coupé de ravins, et sous le feu meurtrier de toute la droite de l'armée russe et d'une puissante artillerie.

Les morts et les mourants jonchent le sol, mais rien n'arrête nos intrépides alliés; ils continuent froidement leur ascension au pas ordinaire, enlevant sur leur passage une redoute de 12 pièces, défendue avec acharnement, et viennent comme à la parade se mettre en bataille sur le plateau couvert de cadavres russes; ils font comme nous reculer l'ennemi, dont la retraite est ainsi prononcée, de la droite à la gauche, sur toute la ligne de bataille.

Notre marche en avant à la poursuite des Russes a duré une heure; l'ennemi n'apparaît plus qu'en lignes noires à l'horizon; notre brigade revient sur le champ de bataille; nos rangs s'ouvrent pour ne pas fouler aux pieds les cadavres de l'ennemi; nos soldats se baissent à tous les pas pour partager avec de pauvres blessés russes l'eau de leurs bidons.

Le maréchal parcourt à cheval le front de nos lignes; il est accueilli par des acclamations enthousiastes.

Les divisions se serrent, pour camper au sommet du

plateau; au moment de l'ascension des collines, nos soldats avaient mis sac à terre; c'est une corvée pénible, pour les compagnies, d'envoyer à la recherche de leurs sacs la moitié de leur monde.

Réduits à nos vivres de campagne, sans vin, sans eau-de-vie, nous nous étions battus presque à jeun; beaucoup de bidons, à moitié pleins de genièvre, sont trouvés sur les cadavres des Russes; il est facile de voir, à leurs blessés, que les généraux ennemis ont eu recours aux surexcitations alcooliques pour affermir le moral de leurs soldats.

Les corps qui les premiers ont abordé le plateau ont seuls éprouvé des pertes sérieuses; notre première brigade a perdu quatre ou cinq cents hommes; le 20e et le 22e ont peu souffert.

L'armée française a treize cent quarante hommes hors de combat, dont cent quarante de tués. Les pertes des Anglais sont plus considérables; ils ont marché longtemps à découvert sous le feu d'une nombreuse artillerie, tandis que nos bataillons gravissaient presque isolément les hauteurs; nos hommes, dispersés par l'ardeur même de leur entraînement et la rapidité de leur allure, ne donnaient aux coups de l'ennemi qu'une prise difficile; les masses anglaises, profondes et serrées, marchant lentement, étaient labourées par les boulets; ils eurent près de deux mille hommes hors de combat.

Nous avons pour la plupart reçu le baptême du feu; nos soldats ont montré l'élan habituel aux Français, la contenance et l'aplomb des plus vieilles troupes. Perdu dans la fumée, nous n'avons pu voir qu'en gros les évolutions qui s'accomplissent sur les points éloignés du champ de bataille; ce n'est pas à nous qu'il faut demander compte des mille épisodes glorieux de la journée.

Le combat du Télégraphe s'est passé à peu de distance sur notre droite; en arrivant sur le plateau, nous avons pu voir le drapeau tricolore flotter sur la tour, le colonel

Cler (1) et ses zouaves se ruant à la baïonnette sur une division russe qui a reçu vaillamment le choc, et n'a cédé le terrain que devant un nouvel effort de zouaves soutenus cette fois par toute la brigade d'Aurelle (2).

La nuit s'écoule tristement; la joie de la victoire est, hélas! compromise par le voisinage de l'ambulance, où sont entassés les blessés et les mourants, les Russes pêle-mêle avec les nôtres; on les a recueillis sans distinction, presque sans préférence.

Le 21 au matin, sur un brancard porté par les soldats du 20e léger, le général Thomas est entouré par les officiers de sa brigade ; ses adieux sont nobles et touchants; il nous témoigne son regret de nous quitter au moment où s'ouvre, pour nous, une carrière glorieuse de combats et de dangers.

La journée se passe à transporter les blessés sur des cacolets (3) qui descendent dans la vallée de l'Alma, et vont au rivage où des vapeurs les attendent pour les conduire à Constantinople. On enterre les morts tantôt dans des fosses isolées, tantôt dans de profondes tranchées, quand les cadavres sont accumulés sur un même point.

L'armée est impatiente de continuer sa route ; tout le monde a compris que, si on donne à l'ennemi le temps de se fortifier dans une position nouvelle, on peut entrer

(1) Cler, né à Salins en 1814; il se signala en Afrique, en particulier à Laghouat. Colonel du 2e zouaves en Crimée, général de brigade en 1855, il fut tué à Magenta, le 4 juin 1859.

(2) D'Aurelle de Paladines, né à Malzieu (Lozère), en 1804, prit successivement part aux campagnes de Rome, de Crimée. Général de brigade pendant cette dernière campagne, il était divisionnaire en 1869, quand il passa dans le cadre de réserve. Rappelé à l'activité en 1870, il remplaça le général de la Motterouge au 15e corps. Vainqueur du Bavarois de Thann à Coulmiers, il fut nommé commandant en chef de l'armée de la Loire. Il essaya, sur l'ordre du gouvernement, une marche sur Paris, qu'il jugeait impossible; obligé de repasser la Loire, il fut destitué le 6 décembre. Membre de l'Assemblée nationale, il commanda le 18e corps à Bordeaux. Nommé sénateur inamovible, il mourut en 1877.

(3) Cacolet : panier à dossier, placé sur un mulet et servant à transporter les malades ou les blessés.

dans une série de combats meurtriers et perdre tout le bénéfice de la première victoire.

Hélas! il faut prendre l'habitude de compter avec les lenteurs de nos alliés. Dieu nous garde de ne pas rendre justice aux éminentes qualités de l'armée anglaise, à sa solidité, à sa froide bravoure; mais il est impossible de ne pas constater que nous avons perdu par sa faute deux jours à Oldfort, au moment où le succès de la campagne pouvait dépendre de la rapidité de nos coups, et qu'à l'Alma, son retard de quatre heures a rendu impossible l'exécution du plan du maréchal. Si, conformément à ce plan, l'armée russe eût été tournée par sa droite avec la même vigueur avec laquelle la division Bosquet opérait sur son flanc gauche, qui peut dire ce qu'elle fût devenue, quand, poussée sur son front par notre impétueuse attaque, elle eût trouvé sur sa droite et sur ses derrières l'armée anglaise tout entière la foudroyant dans sa retraite?

Ce n'est pas non plus la faute de nos alliés, si, sur les coteaux de la Katcha, nous n'avons pas retrouvé l'ennemi remis de son échec et nous attendant de pied ferme; car, les journées des 21 et 22, perdues sur le champ de bataille de l'Alma, lui ont laissé tout le temps de se refaire et de choisir une position nouvelle; heureux si, plus tard, cette fâcheuse insuffisance de nos alliés n'eût pas entraîné de bien autrement funestes conséquences.

CHAPITRE IV

BALACLAVA — INKERMANN

LE 23 au matin, l'armée quitta ce champ de bataille de l'Alma, dont le nom va désormais prendre son rang dans la longue liste des plus glorieuses journées de notre histoire.

La division Forey est à l'avant-garde, la division Napoléon à la gauche, l'armée anglaise continue à marcher à notre hauteur à l'extrême gauche, la flotte à droite longe la côte, des avisos à vapeur éclairent la marche de l'armée.

Même site qu'avant l'Alma : des plaines immenses, quelques ondulations de terrain ; nous rencontrons de temps à autres un poste de télégraphe, construction semblable à celle qui a été si vaillamment disputée le jour du combat. La vallée de la Katcha rompt la monotonie du paysage ; elle est verte et boisée, semée de quelques villages abandonnés, de vignes de belle apparence, qui, à cette époque de l'année, offrent à nos soldats de précieuses ressources ; elles sont bientôt vendangées.

La Katcha est peu profonde ; son eau est limpide. Sur les hauteurs de la rive gauche nous comptons trouver l'armée russe ; la position est favorable à la défense ; les plateaux sont couverts de bois ; quelques cavaliers, postés en éclaireurs, ont déjà gravi les coteaux ; de loin nous reconnaissons facilement, à leur allure, que l'ennemi n'est pas en vue.

6

L'artillerie a passé la rivière sur un petit pont de pierre; elle monte péniblement les pentes; nous venons camper sur le versant opposé; les grand'gardes sont posées sur tout le front de bataille, au delà d'un petit ravin.

A peine installés, les soldats courent fouiller les environs; ils ne rapportent que des raisins et quelques légumes; les villages qui bordent la rivière ont été dévalisés par les Russes.

Le soldat français est essentiellement écolier; il maraude plus souvent pour le plaisir de détruire que pour pourvoir à ses besoins; dans un pays abandonné par ses habitants, nous croyons conforme au droit de la guerre, et justifiée par les circonstances, l'habitude de profiter des ressources des basses-cours et des habitations pour la nourriture de l'armée. Il serait par trop stoïque de vivre d'air et d'eau claire au milieu de troupeaux d'oies et de canards, errants, abandonnés par leurs propriétaires; mais alors la maraude devrait être régulièrement opérée par des corvées de chaque régiment, conduites par des officiers. Les produits seraient apportés à l'administration de chaque division, et distribués avec ordre et ménagement; on éviterait ainsi un gaspillage inouï, et on assurerait des ressources précieuses pour l'alimentation journalière.

Sans nouvelles de l'ennemi depuis sa retraite, notre marche devait être défiante. La nuit du 23 au 24, nous faisons bonne garde. Une fausse alerte nous fait prendre les armes; nous en aurons bien d'autres.

Pendant cette marche sur la Katcha, notre régiment fait une perte douloureuse : un officier d'avenir, le lieutenant Geoffroy, escortait avec un détachement les prisonniers du quartier général; pris en route par des symptômes du choléra, il fut sur-le-champ placé sur un cacolet, transporté au rivage et embarqué à bord de *la Gorgone*, où notre malheureux camarade expira bientôt. Son corps fut jeté à la mer sans être reconnu, et sa mort n'a jamais pu être légalement constatée. Cette perte nous impressionna péniblement; elle ouvrait la liste funèbre; nous n'en avons su que plus tard les tristes détails.

La marche du 24 ressemble à celle de la veille; l'armée anglaise nous devance un peu sur la gauche; les Turcs et la division Bosquet sont à l'arrière-garde; toujours même site, plaines caillouteuses, couvertes d'une herbe courte; notre arrivée au bivouac est une douce surprise.

La vallée de Belbeck est un paysage enchanteur : un village entouré de vignes et de vergers, une villa simple, mais élégante, au milieu d'un beau parc, des jardins, des fruits, des légumes; chacun de nos hommes revient avec un chou superbe au bout de sa baïonnette.

Nous passons le Belbeck pour aller camper au delà sur le coteau; autour de nous des fourrés épais; nos tentes sont au milieu des bois. Nous ne trouvons de l'eau qu'au ruisseau, à une heure derrière nous; des traînards sont restés dans le village; la villa a été saccagée et incendiée. Le soir, des soldats circulent dans les camps, portant des meubles, des glaces, destruction inutile et condamnable; il faudra demain abandonner tout ce butin.

La nuit est encore troublée par de fréquentes alertes; les sentinelles les plus avancées ne peuvent voir qu'à quelques pas devant elles.

Le 25, la direction de l'armée devait changer. Sébastopol est à trois kilomètres devant nous, de l'autre côté de sa baie profonde; pour tourner la ville et venir l'attaquer par le sud, il nous faut laisser la mer à droite et nous enfoncer à gauche dans un pays couvert de forêts, en présence d'un ennemi sur la marche duquel nous ne savons rien.

Cette marche de flanc peut être d'autant plus périlleuse que les colonnes devront s'allonger outre mesure et souvent défiler homme par homme, dans des sentiers étroits au milieu des taillis.

L'armée est divisée en deux. Les trois premières divisions marchent ensemble sous les ordres du général Canrobert. Le général Forey conduit les Turcs et sa division, les

Anglais naturellement en tête. Leur départ s'effectue lentement. Debout depuis six heures, ce n'est qu'à midi que nous pouvons avancer. Nous cheminons tout le jour lentement à l'ombre des forêts, souvent un à un dans les fourrés; arrivés des premiers au gîte, vers les neuf heures, nous allumons de grands feux pour guider les corps qui sont derrière nous; ce n'est qu'à trois heures du matin que les dernières troupes et le convoi arrivent au rendez-vous général. Des clairons échelonnés sonnant les marches des divisions, et les feux de l'avant-garde les ont conduits par cette nuit obscure.

Nous avons suivi depuis quelques kilomètres la route de Simphéropol, à gauche et à droite de laquelle nous campons. L'armée anglaise est autour de la ferme Makensie, à quelques centaines de mètres sur notre gauche.

Nos mulets, chargés depuis la veille au matin, sont arrivés harassés. La journée a été pénible pour tous. Une privation cruelle nous attend au gîte : pas d'eau! Les hommes revenant de la première armée débarquée se souviendront longtemps du *camp de la soif*.

En face d'un ennemi actif et vigilant, cette marche eût été périlleuse; quelques centaines de tirailleurs répandus dans les bois, eussent pu compromettre gravement l'armée; le défilé des divisions ne pouvait s'opérer sans un désordre inévitable.

C'est pendant cette marche que nous apprenons la maladie du maréchal. On le dit atteint du choléra et dans un état qui laisse peu d'espoir.

En atteignant Makensie, l'armée anglaise a heurté l'arrière-garde d'une division russe qui va à Simphéropol; l'artillerie et la cavalerie anglaises lui ont fait éprouver quelques pertes, des voitures de train et quelques attelages sont restés entre les mains de nos alliés.

Le 26, nous quittons les hauteurs de Makensie; notre marche est lente; tout le monde est impatient d'arriver sur la Tchernaïa, où nous pourrons enfin nous désaltérer.

Le défilé de l'armée anglaise nous retarde longtemps. Vers onze heures, par une chaleur accablante, nous commençons à descendre par la route escarpée creusée dans le flanc de la montagne, qui, des plateaux élevés où nous sommes, conduit dans la plaine, passe la rivière sur le pont de Tractir et arrive à Balaclava.

Nous sommes couverts de poussière et haletants. L'espoir de nous plonger dans les eaux bienfaisantes du ruisseau que nous voyons couler à nos pieds, soutient et précipite notre marche.

La vallée plate, semée de bouquets d'arbres et couverte de prairies verdoyantes, est traversée rapidement, et, vers deux heures, tout le monde peut enfin apaiser une soif dont les tourments commençaient à devenir intolérables. La division passe la Tchernaïa au pont de Tractir, franchit à cent mètres plus loin un canal de dérivation qui mène de l'eau à Sébastopol et vient camper à droite de la route, sur un des mamelons Féduchênes; nous aurons plus tard l'occasion de décrire plus minutieusement ces positions qui seront le théâtre d'un des plus beaux épisodes de la campagne.

La division turque est campée devant nous, sur le bord du canal. L'armée anglaise a atteint Balaclava dans la matinée.

Vers quatre heures de l'après-midi, des maraudeurs arrivent en désordre et au pas de course du village de Chorgoum; peu familiarisés avec les uniformes de nos alliés, ils ont pris pour l'ennemi des cavaliers anglais qui se rendaient à l'abreuvoir... L'abondance que nous retrouvons au camp de la Tchernaïa nous dédommage des privations de la veille.

Dans la soirée du 26, les adieux du Maréchal furent lus à l'ordre de l'armée. L'impression de tristesse fut unanime : nous perdions un chef estimé, soucieux des besoins du soldat et dont les facultés éminentes, le noble caractère, la volonté puissante et énergique nous avaient été révélés tant de fois depuis le commencement de la campagne.

Beaucoup ont pensé qu'avec lui la prise de Sébastopol eût été prompte et peut-être le résultat d'un hardi coup de main ; nous ne pouvons partager cette opinion. La garnison russe était déjà composée de douze à quinze mille marins qui pendant tout le siège ont montré une bravoure et une constance héroïque et d'une partie de l'armée de Menschikoff. Après la retraite de l'Alma, le général russe avait, par une marche à droite, habilement maintenu ses communications avec Simphéropol, en divisant son armée en deux, une partie renforçant la garnison de la ville, l'autre destinée à recevoir du dehors les renforts de toute nature qui allaient arriver du midi de l'empire, par la seule route de Pérekop et de la mer d'Azof.

Il ne nous paraît pas admissible que même derrière des fortifications, encore imparfaites, mais que des travaux incessants rendaient tous les jours plus redoutables, une armée de trente mille hommes eût abandonné la place aux quarante et quelques mille hommes de l'armée alliée.

Le nouveau général en chef avait un nom populaire, nous l'avions vu depuis l'entrée en campagne, déployer une activité infatigable, un dévouement continuel, et à l'Alma sa bravoure obstinée et le rôle de sa division avaient puissamment contribué à la retraite de l'ennemi.

Depuis l'évacuation du général Thomas, le colonel Sol, du 22me, commande notre brigade ; il fut lui-même nommé général quelques jours après l'Alma.

Le 27, nous partons pour Balaclava, nous venons camper à un quart d'heure de la ville qu'occupe l'armée anglaise; dans le port sont mouillés des bâtiments chargés de vivres ; notre camp est entouré de belles vignes ; tout près de nous est le village de Kadikoï, des sauvegardes placées d'avance ont empêché qu'il ne soit dévalisé.

La falaise qui borde la mer s'ouvre en une fissure profonde et à pic dans une largeur de deux cents mètres ; c'est le port et la petite ville de Balaclava : un vieux château défend à gauche l'entrée du port qui s'avance dans les terres et autour duquel sont assises les maisons. A peine sommes-nous installés que des corvées se rendent à la ville et nous rapportent pour huit jours de vivres,

Dans la soirée du 27, une alerte nous fait prendre les armes : un peloton de cavalerie anglaise et une batterie vont au galop reconnaître la plaine par où l'ennemi peut déboucher ; il n'a pas paru.

C'est à Balaclava que l'armée se divise en deux corps ; les 1re et 2me divisions, sous les ordres du général Bosquet, forment l'armée d'observation ; elle vont camper parallèlement à la Tchernaïa, elles protègeront l'extrême-droite de nos positions.

L'armée de siège, commandée par le général Forey, est composée des 3me et 4me divisions. Le 28, nous quittons Balaclava pour camper au milieu du plateau de Chersonèse et face à Sébastopol ; à notre gauche la 4me division. Le monastère de Saint-Georges est derrière nous. Devant notre front est une belle ferme entourée d'un clos de vignes, au milieu un kiosque élégant; la grand'garde de notre brigade occupe la maison, on y renferme aussi quelques prisonniers civils faits à l'Alma. Nos soldats ont de suite baptisé notre nouveau bivouac « camp des cailles », ces délicieux volatiles se lèvent à chaque instant sous nos pas.

Pendant cette marche de vingt lieues, le choléra presque chaque jour nous a enlevé quelques hommes, les cas sont heureusement isolés; le 31, notre lieutenant-colonel, M. Capin, est gravement frappé par le fléau, on le transporte à Balaclava, pour l'évacuer ensuite.

L'armée anglaise de son côté s'est avancée à notre droite; elle occupe les hauteurs d'Inkermann et fait face par sa gauche à l'extrémité de la baie et à la pointe orientale de la ville; par sa droite elle se relie avec la division Bosquet. Les highlanders et la cavalerie sont restés campés autour de Balaclava.

Le 1er octobre, de bonne heure, la brigade Sol prend les armes. Nous accompagnons dans une première reconnaissance de la ville les généraux du génie et de l'artillerie, des tirailleurs éclairent notre marche lente et circonspecte; bientôt la colonne s'arrête, une dernière crête nous dérobe la vue de Sébastopol. Sur le versant opposé de la crête est une ferme nommée depuis « maison des Anglais ». Il est permis aux officiers, par petits groupes seulement, de venir près de cette maison contempler cette terre promise. A nos pieds, mais à trois mille mètres au moins, la ville semble dormir, on la dirait inhabitée, de nombreux et profonds ravins nous en séparent. Dans le port, des vaisseaux de deux ou trois ponts nous montrent leurs flancs aux longues raies blanches garnies de canons, nous voyons distinctement les *Douze Apôtres*, nous savons depuis quelques jours que l'ennemi a fermé l'entrée de la baie en coulant quelques-uns de ses navires. Cet acte de résolution suprême est un indice certain que la défense sera terrible.

Les 2 et 3 octobre, les deux divisions françaises quittent le « camp des cailles », s'approchent de la place et s'établissent dans le camp qu'elles doivent occuper pendant une longue partie de leur service au siège.

Le front des tentes de la division Napoléon a près de mille mètres de développement ; à cinq cents mètres à gauche, la division Forey nous relie à la baie de Kamiesch qui va devenir le point de débarquement de tout le matériel de l'armée française comme Balaclava celui de l'armée anglaise.

La baie de Kamiesch est longue et étroite : à son entrée les navires de haut bord peuvent mouiller à l'abri, bientôt elle s'emplira de centaines de navires et sur ses bords une ville de bois s'élèvera comme par enchantement.

Le prince et son état-major se logent d'abord dans une de ces maisons entourées de vignes dont est parsemé le plateau de Chersonèse ; mais, trop éloigné de ses troupes, il cède cette maison au général Forey et vient sous la tente camper derrière sa division.

Devant nous, et à cinq ou six cents mètres, une compagnie du 2me zouaves occupe une maison qui a reçu, comme tous les lieux où passe le soldat français, un nom de circonstance, c'est la « maison des zouaves »; devant notre gauche, et à huit cents mètres, la compagnie de voltigeurs du 20me, du capitaine Poujet, occupe une autre maison isolée, elle deviendra un lieu de douleur et d'agonie, ce sera bientôt l'ambulance de tranchée de tout le siège de gauche.

Nous sommes dans un large ravin : le 20me au fond, le 22me sur la crête de gauche ; sur la crête de droite, l'infanterie de marine, le 2me zouaves et le 19me bataillon de chasseurs. Devant le 22me sont accumulés des amas de pierres sèches, en gravissant au sommet nous apercevons la ville.

Dans la nuit du 3 au 4, notre compagnie de grand'garde la plus avancée reçoit la visite de quelques Cosaques, les voltigeurs du capitaine Pouget les repoussent vigoureusement; la compagnie qui relie le poste au camp a seule pris les armes; nous dormîmes paisiblement.

Le sol autour de nous est stérile et rocailleux, quelques vignes entourées de murs en pierres sèches sont semées çà et là; leurs raisins excellents ont bientôt disparu, quant au bois et aux souches, ils servent à la cuisine; avec les murs en pierre sèche nous nous construisons des abris.

Le temps est encore beau, mais l'automne est arrivé, notre séjour peut être long; chacun songe à s'installer de son mieux: nos cuisines, nos mulets sont mis à couvert tant bien que mal ; jusqu'à présent nos petites tentes ont suffi à nous garantir de l'humidité des nuits.

En jetant les yeux sur une carte du plateau de Chersonèse, il est facile de se rendre compte de la position des armées alliées, qui dans les premiers jours d'octobre ont complété l'investissement de la partie sud de Sébastopol et font sur la vallée de la Tchernaïa face à l'ennemi qui peut venir de l'intérieur de la Crimée essayer de forcer nos positions.

De Kamiesch à la pointe d'Inkermann est notre front d'attaque, il a plus de trois lieues de développement. De la pointe d'Inkermann à Balaclava notre ligne de défense contre l'ennemi venu de l'intérieur compte également plus de trois lieues d'étendue.

Pour suffire aux besoins du siège à gauche, à la défense des lignes d'Inkermann au centre et de la plaine de Balaclava à l'extrême droite, l'armée alliée, forte à peine de quarante-cinq mille hommes est évidemment insuffisante; si l'ennemi était en force de l'autre côté de la Tchernaïa, nous courrions les risques d'être forcés dans nos lignes et jetés à la mer.

Le 5 au matin, le 1er bataillon du 20me prend les armes et va se réunir, à la « maison Forey », au 5me bataillon de chasseurs et à un bataillon du 2me zouaves.

Nous apprenons de suite qu'il s'agit d'une reconnaissance périlleuse à exécuter, aussi près que possible de la Place, par le général Bizot (1), commandant en chef le génie de l'armée. Le général d'Aurelles commande les trois bataillons; nous entendons dire à notre commandant Comperat qu'il s'estimera fort heureux, s'il ne perd que deux ou trois cents hommes. Une section de cacolets nous accompagne.

A cette énorme distance de la ville, trois mille cinq cents mètres au moins, l'ennemi a vu un mouvement de troupes autour de la « maison Forey »; ses obus viennent éclater au milieu des vignes et nous blessent un homme de chaque bataillon.

Nous avançons lentement en suivant un chemin creux jusqu'à la « maison de l'ambulance » et nous remontons vers le « Clocheton ». L'ennemi ne nous voit pas, mais des Cosaques isolés sur des mamelons voisins de la ville, signalent tous nos mouvements; une effroyable canonnade tonne sur nos têtes. Abrités tant bien que mal, nous dépassons la « maison des carrières »; les bataillons se

(1) Bizot, né en 1795, sorti de l'école polytechnique en 1813, lieutenant en 1818. Il fit la campagne d'Espagne en 1823, devint chef de bataillon en Afrique en 1834, et en 1849, il était colonel. Général de brigade en 1852, il fut envoyé en Orient comme commandant en chef du génie, nommé par un décret du 12 avril 1855, général de division; la veille il avait été frappé mortellement.

couchent sur le versant opposé d'un ravin. Le général Bizot s'avance froidement sur la crête ; devant lui une compagnie de chasseurs en tirailleurs se défile derrière un mur en pierre sèche. Une grêle de projectiles frise la crête du mamelon et passe inoffensive en ricochant par-dessus nos têtes. Cette situation intéressante dure une grande heure, pendant laquelle le général Bizot prend ses notes et examine avec une minutieuse attention le terrain environnant, que doivent bientôt sillonner nos tranchées, nos boyaux et nos parallèles.

C'est toujours un beau spectacle que celui d'un acte de courage ; mais, porté à ce degré, le sang-froid d'un homme héroïque est digne d'admiration ; jusqu'à l'heure où il sera frappé mortellement, le vaillant général donnera mille preuves de cette tranquille et sublime bravoure.

Le retour s'opère par la même route, les feux de l'ennemi nous accompagnent ; comme il tire presque toujours au jugé, c'est quand nous quittons un point que le sol en est labouré par ses projectiles.

Nous avons entendu depuis de terribles canonnades ; mais aucune nous a paru mieux nourrie que celle dont nous avons été régalés jusqu'à notre retour au camp.

A part nos trois blessés du départ, la colonne, habilement conduite par le général d'Aurelles rentra sans perdre un seul homme.

A peine avons-nous déposé nos armes que des bataillons russes sortis de la place font mine de se porter en avant : l'armée se met en bataille sur son front de bandière, le général Canrobert accourt suivi de quelques pièces de canon, cette démonstration suffit ; l'ennemi fait demi-tour et rentre dans la ville après avoir incendié la « maison brûlée » et envoyé quelques boulets sur le « Clocheton ».

A partir de ce jour les opérations du siège vont commencer ; combats de tous les jours et de toutes les heures, gardes de tranchées, bataillons de piquet, corvées de travailleurs, travaux incessants. Nous entrons dans cette période avec confiance. Nous ne nous égarerons pas dans le labyrinthe d'épisodes qui se sont accomplis sur tout le front de nos lignes ; ce qui s'est passé devant nous suffit à notre cadre. Nous répétons de nouveau que notre récit ne peut être l'histoire de la campagne, c'est notre vie de tous les jours, celle du 20me, et de temps en temps, un coup d'œil jeté de loin sur l'ensemble des opérations et sur les événements que nous n'avons pu ignorer.

CHAPITRE V

LA TRANCHÉE — INKERMANN

A partir du 5 octobre, tous nos travaux reçoivent une impulsion nouvelle. A Kamiesch, le matériel de siège est activement déchargé. Le temps est encore au beau, l'état sanitaire est bon; cependant dans nos camps l'abondance a disparu, depuis le débarquement nous n'avons eu ni pain ni vin; c'est une privation cruelle; officiers et soldats sont réduits au lard et au biscuit; l'eau est rare et c'est fort loin qu'il faut aller la chercher.

La division Levaillant et une brigade de cavalerie ont débarqué à Kamiesch. Les officiers et les soldats restés à Varna sont venus nous rejoindre; ce renfort porte à dix-huit cents hommes l'effectif du régiment.

Le service des grand'gardes devient d'une importance extrême, les compagnies sont remplacées par des bataillons; chaque brigade en fournit un toutes les vingt-quatre heures, nous sommes de service une nuit sur quatre, sans compter les gardes détachées au camp, aux administrations.

Devant la place la garde est en plein champ, nous emportons nos couvertures de campement, pour nous garantir de l'humidité de la nuit; à cent mètres en avant du front du bataillon, une compagnie d'élite veille déployée en tirailleurs: quelques factionnaires se promènent devant les armes, le reste du bataillon dort derrière ses faisceaux. Chaque jour les troupes qui relèvent sont portées plus en avant.

La place nous canonne pendant le jour, mais la longue portée et la facilité de nous abriter sur un terrain inégal et raviné en tous sens rendent les coups peu dangereux.

La marine va concourir au siège; un corps de quinze cents hommes organisé en compagnies commandées par des lieutenants et des enseignes de vaisseau, vient camper à la droite de notre division. Ce corps est sous les ordres du capitaine de vaisseau Rigault de Genouilly (1).

Dans la soirée du 7, la division Forey est attaquée par une colonne russe sortie de la ville; l'ennemi est repoussé vigoureusement.

Derrière, et à huit cents mètres environ de notre droite, le quartier général est installé; près de lui le grand parc d'artillerie, qui touche au camp des marins. Le camp du génie et son parc sont à quelques pas derrière nous, sur un mamelon. Une activité inouïe et impossible à décrire règne partout; les transports de Kamiesch aux parcs sont incessants.

En avant de la « maison des carrières » le génie a tracé la première parallèle, le dépôt de tranchée est installé dans la maison même; le lieutenant-colonel Raoult (2), nommé major de tranchée doit y loger avec ses aides. Le 9 au soir les travaux commencent.

(1) Rigault de Genouilly, né à Rochefort en 1807, était capitaine de vaisseau depuis 1848, quand il fut envoyé en Orient; contre-amiral en 1854, il était amiral en 1864. Il avait été chef de l'armée navale en Indo-Chine en 1857 et avait pris Canton. Ministre de la marine de 1867 à 1870, il rentra dans la vie privée à partir du 4 septembre; il mourut en 1873.

(2) Raoult, né en 1810 à Meaux; élève de l'école d'état-major, il se distingua en Algérie; lieutenant-colonel au moment de la campagne de Crimée, il fut nommé colonel pendant le siège. Chef d'état-major de la garde impériale, général de brigade en 1861, il se distingua glorieusement à Mentana en 1867. La guerre de 1870 le trouva général de division, à la tête de la 3e division du 1er corps; il tomba héroïquement à la bataille de Frœschwiler (6 août).

A six heures, à la nuit close, les travailleurs arrivent conduits par leurs officiers ; les fusils chargés en bandoulière, la baïonnette au bout du fusil : chaque homme reçoit un gabion et, dans le plus grand silence, se rend sur le tracé de la parallèle.

Les gabions sont alignés par les sous-officiers du génie, les armes déposées derrière, et au commandement, toutes les pioches sont en travail. Aussitôt le gabion plein de terre l'homme est à couvert des balles, et en s'enfonçant dans le fossé l'homme peut se garer un peu du canon.

A de longues distances des ouvrages ennemis, l'ouverture des premières tranchées fut peu meurtrière ; mais plus tard nos régiments ont été décimés par le feu de la place ; et, longtemps avant les assauts, où les effectifs ont subi tout à coup des diminutions énormes, les pertes en détail avaient en partie renouvelé les corps occupés au siège.

Si le danger est amoindri par les distances, l'ouverture s'exécute à découvert et à la tâche; ce mode de travail nous a paru préférable, quoique employé rarement ; nous avons vu presque toujours la tâche s'exécuter avec une rapidité surprenante.

Le travail réglementaire est de douze heures. Les corps spéciaux sortent difficilement des habitudes traditionnelles; on comprend quand il s'agit de mesures dont les moindres tiennent de si près au succès de nos armes, à la conservation des troupes, au salut du pays, que des expériences nombreuses et concluantes doivent seules autoriser les nouveautés ; toutefois ce respect des habitudes se change en esprit de routine et devient funeste.

Il est évident qu'un travail de nuit de douze heures est au-dessus des forces de l'homme; aussi, quand, dans les premiers moments, le travailleur a dépensé ce qu'il a de force et d'énergie, il n'agit plus qu'avec mollesse et cède facilement au sommeil.

Une gratification de 70 centimes pour les travailleurs du

génie et de 60 pour ceux de l'artillerie est allouée à chaque homme; cette allocation leur permet quelques additions à leur régime: aussitôt que les navires de commerce auront pris la direction du siège, les cantines des régiments et les cabarets de Kamiesch en recevront la plus grande part.

Dans les journées des 10, 11, 12 et suivantes, le feu de l'ennemi devient violent, mais à cette distance peu meurtrier. Les batteries s'élèvent, le travail redouble, les corvées sont plus pénibles, il faut toujours fournir un nombre d'hommes déterminé; l'effectif diminuant, la charge devient plus lourde.

A mesure que les travaux avancent, le tir de la place prend des proportions énormes ; nous comptons jusqu'à neuf cents et mille coups par heure, le feu ne cesse ni jour ni nuit. Sous cette pluie de projectiles nos soldats prennent un aplomb remarquable ; ils apprennent bien vite à se garer lestement, à voir venir de loin l'obus ou la bombe qui les menacent, à se jeter à temps hors de son rayon, ou la face contre terre quand ils ne peuvent plus fuir.

C'est désormais dans les tranchées que les bataillons sont de garde : là chaque corps a sa part de la parallèle à défendre ; les armes sont appuyées au parapet, les soldats jouent ou se promènent; la nuit la moitié de la compagnie veille pendant que l'autre repose.

A quelques mètres en avant, des sentinelles sont en embuscade, abritées comme elles peuvent dans des trous creusés exprès; elles doivent avertir en cas de sortie, donner l'alarme et rentrer. Aussitôt tout le monde est debout, se jette sur ses armes et garnit le parapet.

Du 15 au 16, le feu de l'ennemi semble se concentrer sur nos batteries en construction. Nos pertes deviennent sensibles, chaque jour de service quelques hommes sont frappés, aucun officier des nôtres n'est encore blessé.

Le temps qu'il faut pour aller du camp aux parallèles et pour le retour porte nos gardes à vingt-sept heures, nous sommes toujours au riz et au lard. Les ambulances commencent à se remplir de malades affectés surtout d'accidents intestinaux, de dyssenterie, de diarrhées intenses.

Dans la nuit du 16, nos batteries sont démasquées, l'armée ne sait rien de cette guerre de siège, nul parmi nous ne l'a faite, aussi attendons-nous, dans une confiance aveugle, que le feu de nos batteries ait ouvert à nos colonnes une brèche praticable. Chaque brigade a formé avec ses compagnies d'élite une colonne d'assaut. Le colonel Labadie commande la nôtre.

Nous avons cinquante pièces en batterie, les Anglais autant; le 17, à six heures, le vacarme commence.

L'illusion n'est pas longue, petit à petit le feu de la place prend sur le nôtre un ascendant remarquable; à chacun de nos coups il répond par huit ou dix, son tir est juste, ses pièces d'un calibre énorme et en nombre infini, nos batteries sont ensanglantées, les épaulements s'écroulent, les affûts sont brisés, une batterie de la marine n'a plus à dix heures qu'une pièce sur six.

Tout à coup une détonation épouvantable domine le roulement du canon, une gerbe de poussière et de flammes s'élance dans l'air, la poudrière de la batterie n° 4 a sauté et enseveli sous ses décombres tous les malheureux canonniers qui la servent.

A onze heures, l'inutilité de nos efforts devient de plus en plus évidente; le feu cesse; les Anglais continuent tout le jour.

Le second bataillon du régiment est de garde pendant cette lutte, il a été heureux et n'a perdu que quelques hommes.

Vers une heure, l'œuvre de la flotte a commencé, que peut-elle contre l'enceinte extérieure de ces fortifications solides ? Son bombardement dure jusqu'au soir ; elle fait éprouver de graves dommages à la ville, mais elle souffre cruellement.

A bord du vaisseau amiral les morts et les blessés sont

7

nombreux, les vaisseaux se retirent à la nuit. En barrant la passe avec leurs navires coulés, les Russes ont rendu impuissants et inutiles tous les efforts de nos escadres.

La journée du 17 n'a découragé personne; mais elle a ouvert les yeux à tout le monde. L'entreprise a pris des proportions inattendues ; à une défense aussi énergique, à des moyens aussi puissants il faut opposer des forces nouvelles, ce sera long, mais nos renforts arrivent.

La nuit du 17, les batteries se réparent, le tir des Russes est faible, les cheminements vers le « bastion du mât » (1) s'ouvrent devant nous, le terrain devient difficile, le rocher est souvent à fleur du sol, et la tranchée est interrompue par des lits de pierre qu'il faut briser avec le pic. Les officiers du génie stimulent de leur mieux les travailleurs, récompensant par de petites gratifications les plus dévoués.

Le dépôt de tranchée est forcé de quitter la « maison des carrières », la place n'est plus tenable; les murs sont percés par les boulets ennemis, il va s'établir en arrière, à la « maison du clocheton ». Le colonel Raoult s'y installe, il y demeurera jusqu'à la fin du siège ; la mort l'a respecté, c'est un miracle. Pendant cette longue période le colonel Raoult a été l'âme du siège de gauche: c'est lui qui règle le nombre des gardes, indique leurs postes aux différents corps, préside à leur emplacement, veille nuit et jour, est sur pied à toutes les alertes ; sa vie se passe sous les projectiles ennemis.

Le service des généraux, des colonels est intermittent ; après la veille et le combat, le repos; pour le major de tranchée il n'y a pas une heure où il puisse mettre de côté la responsabilité de sa tâche, il mange et dort à son poste; pour lui le jour du combat ne finit pas, les chances de mort ou de blessures n'ont pas d'interruption.

(1) Un mât élevé se dresse au milieu de ce bastion, au sommet un soldat russe est en observation, souvent l'homme qui accepte ce poste périlleux est tombé sous la balle d'un de nos francs-tireurs. Quand nos travaux se rapprochèrent, le mât disparut. (*Note de l'auteur.*)

L'organisation des francs-tireurs date de cette époque : choisis avec soin parmi les plus habiles, armés de carabines de précision, ils sont disséminés dans les tranchées ou jetés isolément dans des embuscades, leur feu contiunel et la justesse de leur tir ont dû causer à l'ennemi des pertes considérables.

Dans la nuit du 20, nous sommes de garde à la 1re parallèle, les batteries 3 et 4 sont à notre gauche. Vers onze heures, nos hommes en embuscade rentrent précipitamment et donnent l'alarme. Des cris forcenés poussés par l'ennemi indiquent seuls sa présence, la nuit est sombre, nous ouvrons un feu rapide mais inutile, la sortie a lieu plus à gauche elle est bravement reçue par le 74me et le 5me chasseurs. Les batteries 3 et 4, un instant envahies, sont reprises à la baïonnette, quelques canons encloués furent le lendemain remis en état de servir.

Le 23, dans la nuit, la 2me parallèle est ouverte. Cent cinquante hommes du 20me portant chacun leur gabion défilent silencieusement pour aller se joindre aux travailleurs commandés pour la nuit ; le tracé de la parallèle est au-delà des boyaux de communications, nous devons passer successivement devant eux. Les hommes de garde dans l'un des boyaux ne sont pas avertis, on nous prend pour des Russes et nous recevons des nôtres un feu de deux rangs bien nourri. Chaque homme se met à couvert derrière son gabion, qui cette fois l'abrite du côté des Français; la méprise heureusement n'est pas longue, et grâce à nos remparts d'osier elle ne nous coûte personne.

Les travaux et les gardes deviennent de plus en plus pénibles, officiers et soldats sont souvent deux ou trois nuits de suite de service. Les nouveaux venus n'ont pas allégé les corvées, le développement des tranchées exige un front de garde plus étendu et des travailleurs plus nombreux. Notre nourriture ne s'est pas améliorée, la privation de pain se fait cruellement sentir ; on peut à Kamiesch trouver du mauvais vin à trois francs le litre, ce prix n'est pas abordable pour le plus grand nombre.

Le combat de Balaclava ne nous distrait guère de nos travaux, il n'eut que quelques témoins dans l'armée française, et ce n'est que longtemps après que nous en avons connu les détails.

Nous avons dit que le développement de la ligne de défense des alliés, s'étendait sur une longueur de trois à quatre lieues de la pointe de la baie de Sébastopol à la ville même de Balaclava. L'insuffisance évidente du corps d'observation chargé de pourvoir à un front de défense aussi allongé a dû depuis longtemps frapper l'attention de l'ennemi.

Au centre de la position, du plateau d'Inkermann au col de Balaclava, les hauteurs sont escarpées; avant de les gravir, l'ennemi, qui a traversé la Tchernaïa, souffrira longtemps du feu de nos batteries, les obstacles naturels rendent la défense facile. Mais à l'extrême droite les plateaux s'abaissent progressivement, et près de Kadikoï le pays est plat et ouvert, à gauche le ravin du Carénage et ceux qui du mont Sapoun arrivent au fond de la baie, sont accessibles à l'artillerie. Balaclava et Inkermann sont donc les points vulnérables.

La nature des choses et la nécessité d'occuper à la fois Kamiesch et Balaclava avaient créé cette situation périlleuse. Si l'ennemi que nous avions devant nous avait pu demander à ses masses l'élan de nos colonnes à l'Alma, personne ne peut dire quel eût été le destin de la campagne.

Toutefois le plan de nous forcer dans nos lignes et de jeter à l'eau cette poignée d'aventuriers violant le sol de la sainte Russie, était tellement naturel, que les généraux russes n'ont eu à délibérer que sur l'heure et sur le point d'attaque. À Balaclava, le 25 octobre, ils ont essayé sur la droite une pointe énergique, à Inkermann le 5 novembre, sur notre gauche une attaque formidable avec toutes leurs forces, et longtemps après, à Traktir, sur notre centre un dernier et suprême effort.

Ces trois tentatives ont échoué devant un obstacle

CHARGE DE CAVALERIE A INKERMANN

unique et qu'on doit proclamer hautement, l'intrépidité de nos soldats, qui en raison même de la nécessité de garder tout le front de notre ligne, tandis que l'ennemi se concentrait à loisir pour la percer, ont toujours combattu dans une proportion numérique démesurément faible.

La journée du 25 octobre a deux épisodes brillants et meurtriers : un combat de cavalerie entre la brigade Scarlett et un corps russe, où la mêlée a été terrible et la retraite des cavaliers ennemis difficile et désordonnée, puis la charge de la brigade légère de Lord Cardigan, qui a donné lieu plus tard à un débat célèbre, porté jusqu'à la tribune du parlement britannique.

Les dispositions de défense du général Canrobert, dont les deux divisions arrivaient sur sa droite, la résistance énergique de l'infanterie anglaise devant lui, la déroute de sa cavalerie, avaient déterminé le général Liprandi à renoncer à sa tentative. Ses masses d'infanterie se retiraient en bon ordre, une artillerie nombreuse couvrait son mouvement et balayait la plaine derrière lui, une nuée de tirailleurs protégeait son arrière-garde. C'est dans cette pluie de feux croisés que s'est jetée tête baissée la brigade Cardigan; son chef héroïque avait mesuré le péril et l'inutilité d'un sacrifice qui allait coûter à l'Angleterre un sang précieux; l'ordre était précis mais devenu inexécutable. L'élan fut admirable, le choc terrible; étonnée de cet acte inouï, l'armée russe plia, mais les feux de ses batteries, les balles de ses tirailleurs avaient décimé les escadrons anglais, le retour fut désastreux. La vaillante troupe laissa sur le carreau la moitié de son monde; une charge du 4me chasseurs d'Afrique avait protégé sa retraite, en se jetant sur celles des batteries russes dont les coups étaient les plus meurtriers pour la cavalerie anglaise.

L'attaque de Balaclava a dû redoubler la vigilance de nos généraux; pour suffire aux nécessités de la défense de Sébastopol et mettre en ligne à son extrême gauche un corps aussi nombreux, il faut que le prince Menschikoff ait reçu de puissants renforts; ce serait se tromper étrangement sur son caractère de ne pas s'attendre à de nouvelles et redoutables tentatives.

La 2me parallèle est terminée dans les derniers jours d'octobre, elle part d'un escarpement élevé au-dessus du ravin des Anglais, contourne le bastion du mât, et vient courir le long des retranchements ennemis jusqu'à l'extrême gauche de nos attaques. A la droite de cette parallèle sont établies deux batteries, l'une de mortiers turcs et l'autre de pièces anglaises; séparée de l'attaque anglaise par toute la largeur du ravin, cette batterie n'en est pas moins servie par nos alliés.

Arrivé à ce point de notre récit, nous sommes condamné à une digression inévitable. A la fin d'octobre, épuisé par un travail excessif, des veilles non interrompues et surtout par une nourriture malsaine, nos forces ne peuvent plus suffire à notre tâche. Atteint d'une fièvre ardente et de tous les accidents qui ont décimé nos soldats, nous entrons à l'ambulance de la 3me division.

Les ambulances divisionnaires sont la première étape des malheureux qui, malades ou blessés, attendent, les uns la convalescence, les autres l'évacuation dans les hôpitaux de Constantinople, d'autres enfin leur dernière agonie.

L'ambulance de notre division est située en arrière et au-dessus de la « maison Forey ». Les officiers sont logés dans l'intérieur d'un petit bâtiment, les soldats sont sous des tentes turques dressées à l'entour; les fenêtres ont été enlevées, les toiles de nos tentes-abris y suppléent.

Le linge est insuffisant pour les blessés, le service est fait par des infirmiers provisoires; ce séjour est le champ de bataille de nos chirurgiens et de notre aumônier divisionnaire, les uns et les autres rivalisent d'ardeur et se multiplient pour suffire à leur tâche de dévouement. Deux médecins distingués, les docteurs Perrier et Bourguillon, sont chargés en chefs du service de cette ambulance.

Il n'y a pas d'officiers blessés, autour de nous ne sont que des malades. Nous restons quatre jours en proie à des angoisses cruelles, étendu sur un grabat, délirant la nuit, anéanti le jour.

Le temps a amélioré les conditions d'établissement des ambulances; mais à cette époque tout y était à peine ébauché, et ces mille soins qui adoucissent le sort des malades et consolent les mourants à leur dernière heure, y faisaient complètement défaut.

Le 3 novembre, une évacuation générale sur Constantinople nous enlève à ce séjour de douleur; porté sur un araba, nous allons nous embarquer à Kamiesch. Cinq cents malades arrivés sur des cacolets ou des arabas sont avec nous installés sur la frégate *l'Albatros*. A peine à bord, nous commençons à renaître; la table des officiers, quelques gorgées d'un vin généreux, nous ont rendu un peu de forces; nous pouvons observer autour de nous et rendre compte de nos souvenirs.

Les cacolets sont des bâts portant deux couchettes : dans chacune un homme peut s'asseoir et au besoin s'étendre; mais les mouvements de l'animal, les irrégularités du terrain nous mettent souvent la tête plus bas que les pieds, et pour les blessés surtout les cahots sont cruels.

A bord les malades entassés sont comptés par le commissaire du navire, le service de l'état-civil n'est organisé qu'à demi, des listes nominatives n'accompagnent pas les convois, les mourants de la traversée n'ont souvent, à leur dernier soupir, que des figures inconnues, qui ne peuvent témoigner de leur identité.

Le voyage dure deux jours, nous mouillons en plein Bosphore, des voitures turques nous attendent et nous conduisent à l'hôpital de Péra.

Nous voici moelleusement installé dans un bon lit, dans une vaste salle propre et aérée; à notre chevet la coiffe blanche d'une religieuse au visage affectueux. Il faut avoir éprouvé pendant de longs mois la privation d'une couche confortable pour apprécier la jouissance profonde que nous éprouvons; des soins de tous les instants, un régime approprié à notre état, quelques jours de cette douce vie, et nous serons sur pied.

L'hôpital de Péra est un édifice quadrangulaire à côté d'un cimetière chrétien. Toutes les salles sont pleines. Une galerie intérieure qui fait le tour entier des bâtiments est aussi encombrée de lits. Les officiers supérieurs sont au second étage, le service est bien fait, quoique au début.

De nombreux blessés russes de l'Alma y sont encore, ils habitent le rez-de-chaussée de l'hôpital; leurs officiers sont couchés côte à côte avec les Français, dans leurs lits il est impossible de les distinguer des nôtres. Le docteur Scoutteten est le médecin en chef, il passe tous les matins et s'arrête auprès de chaque malade.

Le jeune abbé de Geslin est l'aumônier de l'hôpital, nous le voyons chaque jour, il ne tardera pas à mourir du choléra, martyr de la charité.

Un capitaine du 20me, M. de Lanchy, est près de nous, il ne devait plus revoir la France, il a succombé aux fatigues de la campagne.

A peine sommes-nous depuis quelques jours dans cet asile de douleur et aussi de repos et de bien-être, que le bruit de la bataille d'Inkermann se répand. Notre régiment a eu sa part de la gloire et aussi des pertes de la journée; des blessés arrivent en grand nombre, au milieu d'eux le capitaine Pouget, notre jeune et vaillant ami le lieutenant Schwartz, l'un et l'autre atteints gravement; c'est par eux que nous apprenons les péripéties émouvantes de la lutte.

Pendant tout le mois d'octobre, les divisions russes qui ont combattu dans les principautés, se sont acheminées sur le nouveau théâtre de la guerre; tandis que la défense de Sébastopol se consolide, l'armée du prince Menschikoff, libre de ses mouvements dans le nord, a reçu ses renforts et se grossit tous les jours des corps aguerris arrivant du Danube. Dans les premiers jours de novembre, les progrès de nos travaux devant la place, la conviction que, d'un jour à l'autre, les Français vont se jeter comme des forcenés sur ses ouvrages et peut-être, par un de ces miracles d'audace si communs dans notre histoire militaire, briser en quelques heures une défense si laborieusement organisée, ont décidé le général russe à tenter, sur le point le plus vulnérable de nos lignes, une attaque formidable avec toutes ses forces.

Devant Balaclava, à son extrême gauche, le combat du 25 octobre a déterminé les généraux alliés à quelques travaux définitifs, qui ont consolidé leur position.

L'éventualité d'un premier choc contre deux ou trois divisions françaises conduites par l'intrépide et vigilant général Bosquet est, en outre, un obstacle qu'il faut prévoir et, s'il est possible, éviter; le prince renonce à une nouvelle tentative de ce côté.

Devant la place, l'invasion de nos tranchées ne peut être tentée avec chance de succès : outre la difficulté pour l'armée russe de sortir et de se former sous le feu de nos batteries, la retraite, si l'on échoue, peut se changer en désastre, et nos hardis fantassins entrer dans la place, pêle-mêle avec les Russes.

Reste le plateau d'Inkermann, accessible à gauche et à droite, gardé tant bien que mal par l'armée anglaise, dont la solidité, bien connue de l'ennemi, lui inspire cependant moins de crainte qu'une rencontre avec nos baïonnettes, arme si meurtrière entre nos mains et avec laquelle, pendant toute la campagne, ses soldats, malgré leur incontestable bravoure n'ont jamais pu se familiariser.

Le plateau d'Inkermann est enlevé par 60.000 Russes, qui s'y forment en épaisses colonnes et débouchent au centre des plateaux de Chersonèse, sur les derrières de nos tranchées devant la place, de nos redoutes devant la plaine; l'armée alliée est placée dans la désastreuse alternative d'un rembarquement impossible sous le canon de l'ennemi, ou d'une capitulation honteuse.

L'entreprise était difficile ; il fallait vaincre l'armée anglaise et, au besoin, la détruire avant l'arrivée du général Bosquet qui allait accourir, se former et se porter en avant au milieu des camps alliés, avec toute la masse de ses forces. Une fausse attaque du prince Gortschakoff du côté de Balaclava et une sortie de la garnison contre le général Forey devaient contenir les Français, retarder leur arrivée sur le vrai point d'attaque, donner à l'armée russe le temps de battre les Anglais et d'être sur le plateau d'Inkermann en nombre si imposant, que les corps français qui viendraient isolément se heurter contre elle, fussent impuissants à en arrêter la marche victorieuse.

L'attaque d'Inkermann devait s'opérer par les deux versants des coteaux ; un corps de vingt-cinq mille hommes, gravissant les hauteurs à gauche au-dessus du pont, après l'avoir franchi donnerait sur la droite de l'armée anglaise, tandis qu'un autre d'égale force, descendant du faubourg de Karabelnaïa, traverserait le ravin du Carénage et viendrait, en poussant la gauche des Anglais, se réunir sur le plateau au corps débouchant du pont d'Inkermann.

La colonne de gauche était commandée par le général Pawloff, celle de droite par le général Soimonoff; le général Danneberg avait la direction supérieure de l'attaque. Les deux grands-ducs Michel (1) et Nicolas (2), arrivés la veille à Sébastopol, sont au milieu des soldats.

L'armée anglaise campée sur le plateau avait ses avant-postes, à droite sur les pentes de la Tchernaïa, à gauche sur le versant oriental du ravin du Carénage. Les uns et les

(1) Michel Nicolaiewitch (le grand duc) 4e fils de l'empereur Nicolas, né en 1822, il devint grand maître de l'artillerie, gouverneur général du Caucase où il commanda en chef l'armée russe durant la guerre de 1877, il a épousé en 1857, la princesse Olga, fille du grand duc de Bade, Léopold. Le grand duc Michel est l'oncle de l'empereur Alexandre III.

(2) Nicolas Nicolaiewitch (le grand duc) 3e fils de l'empereur Nicolas, né en 1831, est actuellement aide de camp de l'Empereur et commandant de la garde. Au commencement de la guerre avec la Turquie en 1877, il commanda en chef l'armée du Danube, puis fut remplacé par Totleben. Il a épousé, en 1856, la princesse Alexandra, fille de Pierre, prince d'Oldenbourg.

autres se gardaient mal. Lord Raglan n'admettait pas la possibilité d'une tentative de l'ennemi sur le gros de ses forces.

La nuit du 4 au 5 novembre, se passe à Sébastopol et au camp russe en préparatifs ; à 4 heures, les deux colonnes Pawloff et Soimonoff se mettent en marche silencieusement, une artillerie nombreuse les suit.

La nuit avait été pluvieuse et froide, l'obscurité était encore profonde, quand les postes anglais furent subitement, de chaque côté, repoussés par les têtes de colonnes russes.

L'armée anglaise, endormie sous ses tentes, fut éveillée par la fusillade ; les unes après les autres, les brigades prirent les armes et sortirent du camp ; tandis que les deux colonnes de l'armée russe gravissaient hardiment les pentes en poussant devant elles les grand'gardes anglaises, qui bientôt revenues de leur surprise, se repliaient en combattant avec leur bravoure ordinaire. Le jour en se levant vint éclairer une lutte acharnée, toutes les brigades anglaises étaient venues successivement et à la hâte se former sur la crête du plateau et luttaient de bravoure et de solidité devant la furieuse attaque de l'ennemi.

Heureusement la colonne Soimonoff égarée dans sa marche, au lieu de déboucher sur le flanc de l'armée anglaise, au milieu des tentes, avait appuyé à gauche en montant, et la masse des deux corps Pawloff et Soimonoff réunis trop tôt, encombrant un étroit espace, où ils ne pouvaient se déployer, perdaient en grande partie le bénéfice de leur immense supériorité numérique.

L'effort des russes se prononce de plus en plus, sur tout le front de la ligne anglaise, la lutte devient furieuse. Admirables de sang-froid, les généraux anglais combattent au milieu de leurs soldats, ils font tête partout.

Pendant de longues heures, sur ce plateau étroit, tantôt par des charges à la baïonnettes, tantôt par ces feux meurtriers qui sont une des qualités les plus précieuses de leur infanterie, nos vaillants alliés contiennent les colonnes russes grossissant toujours.

Il est dix heures, l'ennemi semble se lasser, les trois petites redoutes, ouvrages imparfaits qui couvrent la position ont été prises et reprises et toujours avec un nouveau courage ; elles sont enfin restées au pouvoir des Russes, dont l'artillerie a pu arriver sur la crête et foudroie les débris de bataillons anglais toujours immobiles et toujours vomissant la mort.

Le général Soimonoff, un grand nombre d'officiers russes sont hors de combat ; le sol est jonché de morts.

Les réserves de Pawloff arrivent au secours des troupes engagées, et désormais la lutte est tellement inégale que nos alliés vont céder le terrain ; ce n'est pas toutefois sans tenter un effort suprême, toutes les réserves anglaises sont accourues, les généraux Strangways, Cathcart (1) sont tués, les généraux Adams, Codrington, Forrins, Bentink et Brown sont blessés. Un tiers de l'armée anglaise a succombé. Son mouvement de retraite commence à se prononcer, elle recule pas à pas devant des forces quintuples. Débordée de toutes parts l'héroïque phalange va laisser l'ennemi maître de la position et la première partie du plan du général Menschikoff est remplie : l'armée anglaise est détruite, notre ligne est percée. Les têtes de colonne russes, vont pénétrer au milieu de nos camps et infliger à nos armes un affront sans exemple dans l'histoire de nos longues guerres.

C'est à cette heure décisive que les clairons de la brigade Bourbaki (1er léger, 6e de ligne) retentissent derrière les Anglais ; un hurra immense accueille nos fantassins arrivant au pas de course, et devant nos baïonnettes la scène va changer.

(1) Cathcart (sir Georges), né en 1794, entra dans la garde à 16 ans, et fit les campagnes de 1813-1815 ; colonel en 1814, il était major général en 1851. Envoyé comme gouverneur et commandant militaire au Cap de Bonne-Espérance, il est rappelé au moment de la guerre d'Orient où il se distingue à l'Alma et à Balaclava et tombe glorieusement à Inkermann.

Tant qu'il a eu la possibilité de résister seul, lord Raglan a refusé notre concours généreusement offert par les généraux Canrobert et Bosquet.

Une démonstration du prince Gortschakoff (1) vers Balaclava et la sortie de la garnison sur les corps de siège, dont nous aurons à parler tout à l'heure, avaient dû, pendant les premiers moments imposer au général Canrobert l'obligation de ne pas dégarnir ses lignes, avant d'être fixé sur le véritable point d'attaque ; mais son hésitation ne fut pas longue, et dès les premières heures, il avait jugé que le corps de siège suffirait à repousser l'ennemi et qu'il fallait avant tout secourir l'armée anglaise dont, malgré sa bravoure, la destruction était imminente.

C'est vers neuf heures seulement, que le généralissime anglais désormais convaincu de son péril, a accepté notre concours qui ne se fait pas attendre. A peine arrivé sur le plateau, le général Bosquet a lancé sur l'ennemi la brigade Bourbaki (2) ; le 3e bataillon de chasseurs, commandant Tixier (3), et la brigade d'Autemarre (3e zouaves et tirailleurs algériens) ont suivi la brigade Bourbaki. Derrière le général Canrobert, la brigade de Monet de la division Napoléon et le 50e de ligne sont accourus.

Les flancs de l'armée anglaise, ses derrières, tous les vides de la position se garnissent de nos bataillons.

Les premiers efforts de la brigade Bourbaki qui s'est je-

(1) Gortschakoff (prince), né en 1795, débute dans l'artillerie, il fait partie de l'expédition contre la Turquie en 1828 et 1829, dans la campagne de Pologne il prend Varsovie, et occupe les provinces Danubiennes en 1853, il remplace le prince Mentschikoff à la tête de la défense de Sébastopol en 1855, nommé lieutenant général de Pologne, il y meurt au milieu de l'insurrection de 1861.

(2) Bourbaki, né à Pau en 1816; sous-lieutenant en 1836, il gagne ses grades en Afrique et nous le trouvons général de brigade en Crimée ; il s'y distingue à l'Alma, à Inkermann et à l'assaut de Sébastopol; général de division en 1857, il fait la campagne d'Italie, et en 1870 il est à la tête de la garde impériale; sa sortie de Metz est encore inexpliquée; mis un instant à la tête de l'armée du Nord il est peu après mis à la tête de celle de l'Est, il échoue devant Héricourt et ramène ses troupes en arrière, désespéré il essaye de se donner la mort, nommé gouverneur militaire de Lyon, il y reste jusqu'en 1879. Depuis cette époque il vit dans la retraite.

(3) Aujourd'hui lieutenant-colonel au 95 (*note de l'auteur*).

tée dans la mêlée, n'ont pu suffire à arrêter les progrès de l'ennemi, mais nos batteries de campagne arrivées à toute bride ont pris part à la lutte, et déjà nos boulets sèment la mort dans les rangs épais de l'armée russe. Les zouaves et les tirailleurs algériens du général d'Autemarre, le 3e bataillon de chasseurs, se sont à leur tour rués sur tout ce qui est devant eux ; les bataillons anglais reformés et exaltés par la présence des nôtres ont repris partout l'offensive. Les divisions russes résistent avec une obstination acharnée ; mais leurs généraux ont compris que désormais ils doivent renoncer à pousser plus avant et qu'ils n'ont plus à combattre que pour la retraite. Les mille péripéties de cette mêlée terrible et sanglante sont indescriptibles ; nous n'avons certes pas la prétention de les dépeindre, la plupart resteront à jamais ignorées. La retraite des russes fut désastreuse, au milieu des blessés et des mourants anglais, ils abandonnent sur le plateau des milliers de cadavres.

Les pentes des coteaux, les ravins, sont couverts de leurs blessés et de leurs morts. A mesure que leurs colonnes se retirent en masses serrées, nos batteries qui se sont avancées sur la crête, les trouent de toutes parts et tracent dans leurs rangs des sillons de mort. Le pont d'Inkermann, les marais voisins, les bords du ravin du Carénage sont encombrés de victimes. Sous les coups de nos soldats ivres de fureur, la fuite de l'ennemi par ces pentes abruptes a été une tuerie affreuse. A trois heures, les derniers bataillons s'écoulent par le pont d'Inkermann.

Le 2e bataillon du 20e et le 22e ont pris la direction d'Inkermann, aux côtés du prince Napoléon dont la première brigade l'avait devancé ; le prince Napoléon est gravement malade, sa présence ce jour-là au milieu de ses soldats fut un acte de courage et de dévouement dont l'opinion publique ne lui a pas assez tenu compte.

Nos trois bataillons n'eurent que le temps de se mettre en ligne, l'armée russe en retraite couvrait son mouve-

AU SECOURS DE L'ARMÉE ANGLAISE A INKERMANN

ment par une artillerie nombreuse, ses derniers obus nous emportèrent quelques hommes.

A dater de ce jour, la division Napoléon est scindée en deux, la brigade de Monet reste campée définitivement en avant du « Moulin d'Inkermann », les trois bataillons de la 2e brigade retournent le surlendemain de la bataille occuper leur camp primitif.

La sortie de la garnison sur le corps de siège, n'eut pas plus de succès que l'attaque d'Inkermann.

Vers neuf heures, tandis que le brouillard encore épais cachait ses mouvements, une colonne de cinq ou six mille russes sortie par le « bastion de la Quarantaine » et précédée de nombreux tirailleurs, va bravement se jeter sur la gauche de nos parallèles envahissant les batteries 1, 2 et 3, dont un instant l'ennemi reste maître. Le général de la Motterouge (1) est de tranchée ; le 1er bataillon du 20e, sous les ordres du capitaine Moréno, est de garde aux batteries 13 et 14 bis ; les compagnies de gauche appuient aux batteries 8 et 9 ; les voltigeurs du capitaine Pouget, la 6e compagnie du lieutenant Morel se portent aussitôt aux batteries envahies et se jettent sur les Russes avec impétuosité. Le capitaine Pouget tombe la cuisse traversée d'une balle ; son sous-lieutenant Schwartz, entouré de ses braves voltigeurs, combat corps à corps ; l'ennemi évacue les batteries. Le général de la Motterouge, non content de contenir les Russes, s'est élancé sus le parapet et s'est jeté, suivi de la compagnie, sur l'ennemi qui plie sous le choc et va se reformer en arrière sous la protection des canons de la place ; il ne tarde pas à se reporter en avant.

Mais la brigade de Lourmel a pris les armes, elle accourt au pas de course, conduite par son général. Son

(1) La Motterouge (de), né en 1804, à Pleneuf (Côtes-du-Nord), sorti de Saint-Cyr en 1821, était colonel en 1848 et général de brigade en 1852 ; promu général de division en 1855, pendant la campagne de Crimée, il prit part à la guerre d'Italie. Un instant commandant les gardes nationales de la Seine, il démissionna le 4 septembre 1870 et fut nommé commandant du 15e corps d'armée ; destitué par Gambetta, il ne reprit pas du service actif. Il est mort en 1883.

choc est irrésistible, les Russes se retirent en désordre, poursuivis la baïonnette dans les reins par les soldats du général de Lourmel et les compagnies du 20e, tandis que la brigade d'Aurelles, accourue de son côté, les couvre sur la gauche de feux meurtriers.

Le brave général de Lourmel, emporté par une ardeur qu'il communique à ses soldats, s'avance au delà de maisons isolées jusque sous le canon de la ville, une balle lui traverse la poitrine. Il expira le lendemain. Sa mort a privé la France d'un de nos plus jeunes et plus brillants officiers généraux.

Le général Forey fait sonner la retraite; les troupes engagées se retirent, non sans pertes sérieuses, de cette pointe téméraire où leur bravoure les a emportées.

Cet épisode sanglant et glorieux de la journée d'Inkermann n'eut pas d'autres suites. Les compagnies du 20e qui donnèrent eurent une trentaine d'hommes hors de combat, parmi lesquels deux officiers, MM. Pouget et Schwartz.

L'armée russe avait perdu dix mille hommes, les Anglais trois mille; les Français eurent, tant tués que blessés, près de dix-sept cents hommes dont huit cents au corps de siège.

Les jours qui suivirent furent employés à établir, sur toute notre ligne, des travaux de défense. Devant la place on creuse des boyaux, on élargit les parallèles.

Le 14 novembre, un ouragan furieux renverse nos tentes et fait éprouver en mer de nombreux sinistres. Le vaisseau *Henry IV* et la corvette *le Pluton*, de notre marine impériale, sont jetés à la côte d'Eupatoria et perdus; les équipages peuvent se sauver.

Le 20me reçoit, dans la seconde quinzaine de novembre, un détachement de 500 hommes venus du camp du Midi.

Pendant que ces événements s'accomplissent en Crimée, nous quittons, le 1er décembre, l'hôpital de Péra, et nous venons, convalescent, loger à Daoud-Pacha, devenu le séjour de tous les petits dépôts de l'armée.

Chaque corps, en passant à Constantinople, a laissé là un officier d'habillement et sa section d'ouvriers. Les convalescents sortis des hôpitaux reçoivent là leur destination définitive, soit pour leur retour à l'armée, soit pour leur évacuation sur la France. Cent à deux cents hommes de chaque régiment forment une agglomération de plusieurs milliers de soldats. Le lieutenant-colonel Commignan, du 22me léger, commande à tout ce monde, il n'a que peu d'officiers pour l'aider dans la tâche ingrate d'administrer ces éléments hétérogènes, aussi n'est-ce pas sans supplications que nous obtenons de lui la faculté de rejoindre notre régiment.

Notre colonel, M. Labadie, blessé grièvement à la jambe par une chute de cheval, en revenant de la tranchée, est arrivé à l'hôpital de Péra, il a laissé au chef de bataillon Compérat le commandement du 20me.

CHAPITRE VI

SIÈGE DE GAUCHE

E 14 décembre, avec deux cents hommes de renfort arrivés de France, nous quittons Daoud-Pacha et nous nous embarquons sur le *Napoléon*, que monte le contre-amiral Charnet. La traversée de la mer Noire, en cette saison, est pénible, mais avec un navire de la force du *Napoléon*, le roulis et le tangage sont peu sensibles, notre voyage s'accomplit sans accident, et le 17 nous débarquons à Kamiesch.

Il faut nourrir et loger notre détachement; au milieu de l'encombrement du port, trouver les administrations de l'armée n'est pas chose facile. Le 19, nous montons le plateau de Chersonèse, nous longeons les derrières des divisions Levaillant et Forey et nous arrivons au camp du 20me, que l'on a, depuis quelque temps, transporté plus à droite, à la place qu'occupait notre première brigade.

Le camp est vide, un bataillon est de garde, l'autre est de réserve à « Clocheton »; notre arrivée est triste, la terre est boueuse, la pluie depuis le commencement de décembre n'a pas discontinué, dès le lendemain nous reprenons notre service.

Des compagnies de volontaires ou d'enfants perdus qui doivent, pendant la nuit, éclairer nos tranchées, détruire les embuscades russes, viennent d'être formées. Le régiment a fourni son contingent.

L'ennemi depuis quelques jours a fait plusieurs sorties, elles ont été bravement repoussées par le 39me de ligne, le 5me léger et le 22me léger.

Le départ pour le travail du jour a lieu à quatre heures du matin, la nuit est sombre et froide. Les hommes, engourdis par le sommeil et par le froid, souffrent cruellement au réveil; beaucoup ont les pieds douloureux, la chaussure humide et souvent gelée. La tâche des officiers qui doivent rassembler et conduire les détachements est difficile; il faut être sourd à des plaintes souvent trop légitimes et réagir violemment contre les sentiments d'une pitié qu'on doit dominer.

Le dépôt de tranchée est le rendez-vous de toutes les corvées de travailleurs. Par ces matinées de décembre où le jour ne paraît qu'à sept heures, où la neige couvre au loin de son linceul tous les plateaux d'alentour, la marche est incertaine; ce n'est souvent qu'après s'être égaré dans des détours inutiles, que l'officier qui conduit le détachement arrive enfin, après une heure de marche pénible et hésitante.

Le travail de jour consiste à déblayer les tranchées encombrées de neige et de boue, à réparer les épaulements, à pratiquer le long des parapets des rigoles pour l'écoulement des eaux. A cinq heures, le travail cesse, nous nous croisons, en rentrant au camp, avec les travailleurs de nuit. A cette époque du siège, le travail de jour est moins périlleux que celui de nuit, l'ennemi ne tire pas autant, et en outre les travaux s'exécutent à couvert; mais la nuit la place redouble son feu, de nouvelles tranchées sont ouvertes à découvert; à une distance où le tir est précis, les pertes sont nombreuses et continuelles.

Dans la nuit du 21 au 22 décembre, nous conduisions un détachement de travailleurs: nous cheminions lentement dans les boyaux qui font communiquer la deuxième et la troisième parallèle, lorsqu'une bombe tombe au milieu de nous et nous renverse sept hommes, parmi lesquels deux ont les jambes broyées; le 19me de ligne, de garde à cet endroit, a le même nombre d'hommes atteints et un lieutenant qui a la jambe fracassée. Ce désastre de seize hommes était l'œuvre d'un seul projectile.

Ces accidents se renouvellent souvent, les corps employés aux travaux du siège et aux gardes de tranchées ont passé de longs mois, décimés nuit et jour par le feu de la place ; cet humble fantassin que vous voyez assis dans sa chaumière, obscur et oublié, est un revenant.

Depuis Inkermann, le service est devenu plus dur : outre le bataillon de garde et le travail, chaque brigade fournit tous les jours un bataillon de réserve au « Clocheton » ; la nuit, il est vrai, doit se passer sous les tentes turques, mais à la moindre fusillade partant de nos lignes, le bataillon prend les armes et vient achever le reste de la nuit dans la 2me parallèle.

Souvent le tour de garde suit ou précède le service au « Clocheton » ; c'est alors cinquante heures qu'il faut passer hors du camp, on nous envoie la soupe et les vivres, hélas ! le tout arrive froid, souvent gelé; on ne mange qu'avec dégoût et pour soutenir ses forces.

Chaque officier ou soldat a reçu une capote à capuchon, presque tous un paletot et de grandes guêtres en peau de mouton : ces précieux vêtements ont garanti l'armée de bien des maladies.

Des tentes Taconnet ou turques ont été distribuées à chaque corps, ces tentes peuvent tenir de douze à seize hommes : une tente turque nous a été également donnée pour six officiers.

Nous creusons de quelques centimètres l'intérieur de nos tentes, cette disposition nous donne plus d'espace. Au retour d'une longue garde, nous nous jetons sous nos couvertures et sur nos dures paillasses. Une fois ensevelis dans nos couchettes, on oublie vite, dans un sommeil profond, danger, fatigues et misères; mais presque toutes les nuits le clairon d'alarme nous réveille, il faut quitter sa couche bien chaude, et aller, par une nuit glacée, attendre souvent une heure, devant le front de bandière, l'ordre de rentrer ou de se porter en avant.

Le bois est devenu rare : des corvées conduites par des officiers vont, à une heure et demie derrière nos camps, arracher à coups de pioche des souches cachées sous la neige; nos malheureux soldats sont condamnés à cette tâche cruelle et inévitable, presque toujours en descendant de garde, lorsque déjà ils sont harassés de fatigue.

L'emplacement des bataillons de garde reste le même pendant un certain temps; notre brigade est chargée de la défense de l'extrémité droite de la 3me parallèle et des zigzags creusés sur le flanc du ravin que contourne la 2me parallèle. En face de nous, le bastion du « mât » nous couvre de ses feux ; en outre, les zigzags sont enfilés d'écharpe par les embuscades ennemies placées devant le bastion, aussi notre service est-il meurtrier; à chaque angle, des places d'armes ont été réservées, pendant la nuit les troupes s'y massent par demi-compagnies; nous ne rentrons jamais sans deux ou trois hommes tués et plusieurs blessés.

L'arrivée au poste est des plus périlleuses, il faut défiler homme par homme dans ces lignes, pour ne pas encombrer le passage et laisser de la place à ceux qui reviennent. Les heures où ce mouvement s'opère, quoique changées fréquemment, sont connues de l'ennemi, aussi à ce moment le feu de la place prend une nouvelle intensité.

Tous les jours, deux compagnies prises dans la brigade descendent le « ravin des Anglais », le gravissent ensuite à gauche et viennent former les faisceaux un peu en dessous et en arrière de la batterie des mortiers turcs : quarante hommes de ces compagnies se portent bien en avant dans le ravin et vont tous occuper une caverne creusée dans le flanc droit.

Des francs-tireurs disséminés par petits groupes, se cachent dans des grottes élevées et adossées au côté gauche de la montagne; ils font pendant toute la journée un feu plongeant sur les embuscades russes et ne se retirent qu'à la nuit; une partie du poste quitte alors la caverne, traverse un long verger et vient s'établir derrière un mur en pierre sèche à quelque distance de l'ennemi. Ce poste est à 1.500 mètres de tous secours, l'officier qui le commande ne doit compter que sur lui (1).

Nous avons dit l'emplacement du bataillon de garde de la brigade; à gauche, les divisions Forey et Levaillant défendent les travaux d'attaque, la brigade de la légion étrangère est à l'extrême gauche, vis-à-vis la « baie de la quarantaine ». Derrière nous, dans les plis de la 2me parallèle qui va finir aux mortiers turcs, les corps nouvellement arrivés viennent, sans courir de grands dangers, s'habituer au feu.

L'année 1854 s'achève au milieu de cette tâche ingrate et meurtrière, toutes les espérances d'un succès rapide sont désormais perdues. Depuis trois mois, l'armée russe a décuplé ses défenses sur tout le front de ses lignes, les fortifications ont été réparées, entretenues, liées entre elles par de nouveaux ouvrages. Derrière la première ligne de ses bastions, l'habile officier du génie dont la défense a immortalisé le nom, Totleben (2), a accumulé les travaux,

(1) Par la suite le poste de la grotte fut porté à 100 hommes et 2 officiers, pendant la nuit 40 soldats allaient en avant avec un des officiers; les autres restaient dans la caverne en réserve. (*Note de l'auteur.*)

(2) Totleben (comte), né en Mittau en 1818, entra au collège des ingénieurs de Saint-Pétersbourg; capitaine en second du génie au commencement de la guerre d'Orient, il se distingua dans la campagne du Danube, sous les ordres du général Schilders; envoyé à Sébastopol, il s'illustra par l'organisation des travaux de défense, passa en moins d'une année par tous les grades, et fut nommé à la fin de la campagne général-major. Directeur du génie au ministère de la guerre, il devint commandant supérieur de l'armée russe dans la guerre des Balkans en 1877; il assiégea et prit Plewna. Gouverneur d'Odessa, puis de Vilna, il mourut en 1884. Il a publié un grand ouvrage sur la défense de Sébastopol.

des milliers de bras ont remué la terre; les canons des vaisseaux ont été transportés sur ces remparts de terre, leur nombre inouï, leur calibre énorme, l'habileté des marins qui les servent, ont créé pour nous un obstacle qu'on ne pourra briser que par de grands efforts et des sacrifices immenses.

Toutefois notre marche, quoique lente, a été constamment progressive; notre troisième parallèle est presque terminée, les bastions s'élèvent de tous côtés; malgré des fatigues inouïes, des privations cruelles et des pertes sensibles, l'état sanitaire de l'armée est bon, son moral n'a pas faibli, les renforts arrivent, les divisions se succèdent.

L'industrieuse activité des soldats a tout prévu et pour se défendre de l'ennemi le plus redoutable, le froid, tous les moyens ont été employés: l'intérieur des tentes a été creusé, des cheminées ont été construites avec de la terre mouillée pour ciment; malheureusement le bois pour les alimenter manque presque toujours.

De l'autre côté du ravin, l'armée anglaise est loin de présenter une situation aussi satisfaisante : les privations, les rigueurs du climat, les maladies l'éprouvent cruellement; l'industrie des soldats ne peut suppléer à l'insuffisance d'une administration vicieuse, et ces belles troupes qui ont fait notre admiration aux camps de Varna, à l'Alma, à Inkermann, sont réduites de moitié et dans un état de souffrance et de démoralisation qui ne permet plus d'en espérer un concours efficace.

Le 31 décembre, le temps est beau, la neige a presque disparu; une revue de l'armée de siège a réuni sur les plateaux qui dominent Kamiesch, toutes les troupes qui ne sont pas de garde aux tranchées. Les tambours battent aux champs, le général en chef arrive, et certes il doit être satisfait de l'attitude et de la tenue de nos bataillons : il passe devant nos rangs, pour tous il trouve des paroles d'éloge et d'encouragement. Une distribution de croix et de médailles termine cette solennité militaire qui fut remarquable (1). Pendant que nos bataillons défilent, la ville continue sur nos travaux et nos gardes ses salves retentissantes; mais ce bruit, qui ne cesse ni jour ni nuit, est devenu pour nous comme le murmure éternel d'une cataracte pour l'habitant des Alpes; l'oreille en a pris une telle habitude que, le jour où il a cessé tout de bon, quelque chose semblait manquer au fond du paysage devenu tout à coup silencieux et calme.

A la revue du 31 décembre, comme au siège, notre brigade formait l'extrême droite de la ligne. Elle est depuis quelques jours commandée par le général de Failly (2), dont le nom va se retrouver souvent sous notre plume. C'est sous ses ordres que désormais nous allons travailler et combattre, son avancement sera rapide et mérité; quelle que soit la position élevée que l'avenir lui réserve, nous sommes convaincu que le vaillant général se souviendra toujours qu'à l'époque la plus dramatique de sa carrière, le 20me et le 22me légers ont été pour lui un instrument énergique de gloire et de fortune.

Le 1er janvier, nous sommes de garde aux zigzags. La journée et la nuit furent froides et le feu de l'ennemi d'une violence extrême.

Le départ pour la garde de tranchée a lieu à huit heures du matin. L'adjudant-major a désigné d'avance l'emplacement de chaque compagnie; aussitôt arrivés, les soldats déposent leurs sacs, visitent leurs armes, les amorcent et les appuient contre les parapets. Puis chacun se met à se défendre de son mieux contre les rigueurs du froid : les

(1) Le 20me ne fut pas oublié dans cette distribution : MM. Loisel, capitaine, Pierron et Ribeaucourt, lieutenants, Schwartz, sous-lieutenant, Hourbeigt, sergent, reçurent la croix de chevalier.

(2) Failly (de), né à Rozoy-sur-Serre (Aisne), en 1808 : sous-lieutenant en 1828, il était colonel en 1851 ; général de brigade pendant la campagne de Crimée, il y devint général de division en 1855. Pendant la guerre d'Italie, il commanda une division du 4me corps et, en 1867, le corps expéditionnaire envoyé au secours du pape. En 1870, à la tête du 5e corps, il laissa, le 6 août, battre Mac-Mahon à Reichshoffen et Frossard à Forbach; il fut surpris le 30 août, à Beaumont; mis après la paix en disponibilité, il est mort en 1892.

uns se promènent, les autres battent la semelle. De distance en distance des francs-tireurs sont postés derrière des créneaux construits sur la crête du parapet; ils commencent sur les embrasures et les embuscades russes un feu qui durera tout le jour. L'ennemi leur répond, ses balles passent à quelques pouces au-dessus de nos têtes, leurs sifflements ressemblent aux bourdonnements d'un essaim d'abeilles.

Le général de service paraît, il fait sa tournée habituelle accompagné du major de tranchée; les hommes se placent le dos au parapet à côté de leur arme; la plupart des officiers généraux se contentent de cette position, d'autres, exigeants, veulent que, sur leur passage, chaque homme soit au port d'arme. Pendant ses 24 heures de service, le général de tranchée se tient au « Clocheton »; ses colonels ou lieutenants-colonels de tranchée habitent de légers abris, que le génie leur a élevés dans les parallèles.

A trois heures, on apporte la soupe des soldats et le dîner des officiers, chacun s'installe le moins mal possible, pour manger à son aise, heureux quand une bombe qui tombe à quelques pas, ou un sifflement de balles trop persistant ne nous force pas à changer plusieurs fois de place.

Dans ces jours d'hiver, la nuit commence à quatre heures, et quelle nuit! Il faudra la passer tout entière debout, ou s'étendre sur la terre boueuse et glacée.

Vers six heures, les commandants de compagnie franchissent le parapet et vont placer en avant des sentinelles doubles qui s'abritent dans des trous creusés exprès. Quand il fait clair de lune cette opération est des plus périlleuses; l'ennemi voit se dessiner nos silhouetttes, nous devenons le point de mire de ses tireurs.

A huit ou neuf heures, les batteries russes commencent leur sabbat, des saillants du « bastion du mât » partent des nuées de bombes, des bouquets de grenades qui éclatent

OBUS ÉCLATANT DANS LA TRANCHÉE

sur nos têtes et retombent en pluie lumineuse. Il est inutile de chercher à les éviter : sous cette grêle de feux, le mieux est d'attendre immobiles, à la grâce de Dieu. Ce feu infernal cesse tout à coup, bientôt les notes retentissantes du clairon nous apportent le « garde à vous ». Sur le front de nos parallèles les Russes sont en vue quelque part ; les gradins pratiqués dans les parapets se couvrent de soldats, souvent ce n'est qu'une fausse alerte, souvent aussi l'ennemi a vu qu'il ne peut nous surprendre, il est rentré sans coup férir.

Rarement nos batteries répondent, ce n'est que par des bombes isolées qu'elles donnent signe de vie.

Les balles et les boulets pendant le jour, les bombes, les obus et les grenades pendant la nuit, nous tuent ou nous mutilent toujours plusieurs hommes ; les morts et les blessés sont emportés dans des couvertures et sur des brancards, dont maintes fois nous avons eu à déplorer le nombre restreint. Des parallèles à l'ambulance de tranchée le trajet est long, une demi-heure au moins, les pauvres patients rendent souvent le dernier soupir avant d'avoir pu être visités ou opérés par les chirurgiens de service.

La nuit s'achève lentement, les heures paraissent longues, on trouve toujours que les montres retardent. Enfin, à sept heures, le jour commence à poindre, les hommes en embuscade rentrent, on les a relevés plusieurs fois pendant la nuit.

Chaque soldat secoue sa couverture, blanche d'une couche de givre ou de neige ; on lui apporte sa goutte matinale, qui le réchauffe et l'aide à attendre patiemment la garde montante. Ces vingt-quatre heures de garde, mêlées d'incidents si divers, se renouvellent tous les trois jours ; il faut y avoir passé pour en comprendre les souffrances et les angoisses.

A dix heures nous sommes de retour au camp, où nous attend une soupe bien chaude. Quand le déjeuner a réparé nos forces, il faut se prémunir contre l'éventualité de la nuit prochaine peut-être : serons-nous de travail, ou de longues heures sous les armes en cas d'alerte ; enfouis sous nos peaux de mouton, nos dures paillasses nous semblent des lits de plumes.

Dès les premiers jours de janvier, la nourriture s'améliore, les distributions de viande fraîche et de pain sont plus fréquentes. Les officiers peuvent, à des prix élevés, se procurer quelques adoucissements au régime réglementaire : du vin potable à deux francs le litre, des conserves de viandes et de légumes que nous fournit l'administration, contre des bons remboursables.

Kamiesch est devenu le rendez-vous de nombreux navires de commerce qui ont bravé la rigueur de la saison et en spéculant sur nos besoins, ont trouvé la source de gros bénéfices. Les officiers anglais sont riches ; leurs appointements énormes leur permettent une vie luxueuse ; ils sont, pour les marchands de Kamiesch et Balaclava, une mine d'or inépuisable.

Dans le courant de janvier, les sorties se succèdent rapidement. Le 7 et le 11, le 46me et le 5me léger, de la division Levaillant, repoussent énergiquement deux tentatives de l'ennemi sur la partie avancée de la tranchée qu'en raison de sa forme on a nommée le T.

Dans la nuit du 13 janvier, le poste du ravin des Anglais, dont nous avons plus haut décrit la position en l'air et isolée, est le théâtre d'une lutte héroïque qui restera longtemps dans les annales du régiment. A l'extrémité du ravin, à peu de distance des embuscades russes, le sous-lieutenant de la Jallet, veille avec quarante hommes de la 1re compagnie du 2me bataillon ; la neige tombe à gros flocons, un parti russe de 200 volontaires est sorti en silence et s'est jeté sur les nôtres ; une lutte corps à corps s'engage acharnée et sanglante ; notre intrépide camarade ne recule pas d'une semelle, rend lui-même coup pour coup, chaque homme sous ses ordres se bat en lion. Il est secouru par le reste de la compagnie de garde à la caverne, qui arrive au pas de course, conduite par le lieutenant Lebrun ; l'ennemi fait demi-tour, et notre petit poste a perdu près du tiers de son monde, mais le passage n'a pas été forcé. Le lendemain, un ordre élogieux du général en chef, et la croix de la légion d'honneur pour notre ami la Jallet, furent la récompense de ce brillant fait d'armes.

Dans ces combats de nuit, la guerre avait pris un caractère de sauvagerie étrange. A l'occasion de cette dernière sortie, nous pûmes constater chez l'ennemi l'usage d'une arme singulière. Un sergent était rentré portant encore au cou la corde, en forme de lazzo, que lui avait jetée un soldat russe, qui l'aurait entraîné sans un heureux coup de sabre de son officier. Deux de nos hommes avaient été faits prisonniers par ce procédé sans exemple dans les guerres entre nations civilisées.

Dans la nuit du 13, notre premier bataillon est de garde aux zigzags; la compagnie de voltigeurs, commandée par le capitaine Benoist, est au coin de la 3me parallèle, une neige épaisse fouettée par le vent, un froid terrible, une obscurité profonde nous faisaient espérer une garde tranquille, il a été impossible par cette neige de placer des éclaireurs. Vers minuit, la droite de la 3me parallèle est envahie subitement par une colonne de Russes qui ont escaladé le parapet et se sont précipités dans la tranchée, comme une avalanche, en poussant leurs sauvages hourras. Une lutte à coups de baïonnettes de notre côté, à coups de crosses du côté des Russes, s'engage aussitôt; trois compagnies du 74me, une section d'enfants perdus et notre compagnie de voltigeurs, rivalisent d'ardeur et de courage, on s'égorge dans l'obscurité. Le capitaine Benoist, le sabre à la main, prend sa part de cette mêlée terrible et tient tête vaillamment. L'ennemi est forcé de se retirer, les sons rauques d'un clairon ont rappelé les assaillants. A peine sont-ils rentrés que l'artillerie de la place recommence son feu avec une violence inouïe; les bombes éclatent, les grenades voltigent autour de nous.

La tranchée est encombrée de morts et de blessés; deux

capitaines du 74me sont tués, le commandant Roumejoux blessé gravement; six de nos voltigeurs sont morts, parmi lesquels deux braves et courageux sous-officiers, les sergents Andrieux et Quilghini. Dans l'ordre du lendemain, cette compagnie de voltigeurs qui avait si bravement combattu fut à peine citée ; quant aux récompenses, elle fut à peu près oubliée.

Au jour on enterre les cadavres, dont la gelée a raidi les membres. Les Russes portent toujours le même costume qu'à l'Alma, casquette plate sans visière, longue capote brune à plis et sans taille, le bas de leur pantalon bleu est caché dans leurs courtes bottes. Quoique morts, ils exhalent une odeur nauséabonde de cuir graissé qui ne les quitte jamais, un odorat délicat les suivrait à la piste.

Dans la nuit du 19 au 20, une nouvelle sortie, dans des circonstances semblables, est repoussée par le 46me et la légion étrangère, avec la même intrépidité et les mêmes épisodes sanglants de luttes corps à corps, de traits de courage isolés, de morts restées obscures et ignorées.

A la fin de janvier, le dégel arrive, les tranchées sont inondées, nous pataugeons dans la boue et dans la neige fondue. Avec la nouvelle année les régiments ont changé de noms et de numéros, le 20me est devenu le 95me de ligne ; cette mesure était dictée par la similitude absolue des deux infanteries, mais elle n'avait rien d'urgent, on aurait pu la remettre à une époque plus opportune ; nous avions combattu et souffert sous le drapeau du 20me, nous aurions aimé garder jusqu'au bout un nom sous lequel nous étions connus de l'armée et un peu de la France.

Nos soldats sont désormais à la hauteur de tout ce qu'on peut leur demander ; nouveaux au feu, ils ont vite vieilli sous cette canonnade incessante et meurtrière ; leur aspect est remarquable, des chachias rouges, une barbe longue et inculte, cachent à moitié leurs traits amaigris ; mais leur regard est fier, leur attitude énergique et martiale. Notre effectif est, hélas! bien réduit; les 700 hommes que nous avons reçus depuis peu, se sont fondus comme la neige au soleil, remplissant les ambulances de fiévreux et de scorbutiques. La tranchée, le choléra, les sorties nous ont fait bien des victimes. De 2.200 hommes partis de France, de 850 reçus depuis, il ne nous reste pas plus de 1.200 combattants; mais ce sont tous des vétérans aguerris, il n'est pas un de ces hommes sur lequel on ne puisse compter, pour le travail, pour la fatigue et surtout pour le feu; toutefois le scorbut ne les épargne pas, il faut de longs mois d'hôpital pour guérir les malheureux qui en sont atteints.

Les divisions Paté, Dulac, de Salles (1) sont arrivées; à la fin du mois une partie de la garde impériale débarque à Kamiesch. La France ne reculera pas devant la difficulté de l'œuvre: l'armée anglaise ne compte plus, mais la grande nation et la grande armée sont ressuscitées après quarante ans de sommeil, nous suffirons à cette tâche immense, et au bout ce sera le triomphe pour nous, pour la Russie une défaite glorieuse, et pour nos alliés, l'occasion de chanter par la bouche de tous leurs journaux, une victoire à laquelle ils n'ont pris qu'une faible part et qui à coup sûr eût été plus prompte et plus complète, si 25.000 français eussent, dès le jour du débarquement, pris la place de l'armée anglaise.

Une violente sortie de l'ennemi, tentée de nouveau dans la nuit du 31 janvier, fut repoussée comme toutes les autres, par des compagnies des 7me, 42me de ligne et 19me bataillon de chasseurs, qui non contentes de rejeter les Russes au-delà du parapet, se précipitèrent à leur poursuite jusques sous l'artillerie de la place.

Vers le 10 février, la brigade de Failly cesse tout à coup de faire partie du siège de gauche, elle attend

(1) De Salles, né en 1803 à la Martinique, était en 1827 lieutenant d'état-major, et fit partie de l'expédition de Morée. Colonel en 1840 en Afrique, il y fut nommé en 1848 général de brigade. Général de division en 1852, il remplaça le général Pélissier comme commandant du 1er corps d'armée; il mourut en 1858.

l'ordre de rejoindre la première brigade de la division, qui depuis le 5 novembre est restée campée sur le plateau d'Inkermann.

Nous abandonnons sans regret ces tranchées, où depuis quatre mois nous avons passé de si pénibles heures. Pour le soutenir dans cette laborieuse tâche, l'officier a devant lui la perspective de l'avancement, le point d'honneur et le sentiment du devoir, et, en outre, la certitude d'une retraite honorable en cas de blessure ou de mutilation ; il doit, sans murmurer et sans se plaindre, courir les chances de cette mort obscure, il a librement choisi sa carrière. Mais le soldat qui paie une dette forcée, que la loi du sort a arraché à sa famille et à sa chaumière, chez qui l'éducation n'a pu développer ces sentiments élevés auxquels nous obéissons, que dire de sa résignation et de sa bravoure ? Un quart au moins de nos hommes a droit à son congé, on les retient néanmoins sous les drapeaux, il est impossible, en face de l'ennemi, de se priver tout à coup des plus vieux soldats ; ils acceptent cette nécessité douloureuse et pourtant ils ont pu mesurer, par les dangers qu'ils ont courus, ceux qu'il leur reste encore à affronter. Certes les enfants de nos villages se sont montrés dignes de leurs pères, ils ont eu toutes les vertus militaires, la bravoure et la patience, l'intelligence de la guerre et l'abnégation.

Le colonel Labadie, revenu de Constantinople, est de nouveau contraint de nous quitter, sa blessure s'est rouverte. Un jeune lieutenant-colonel, M. Paulze d'Ivoie, nous est arrivé, il prend le commandement du régiment. Les quelques jours qui précèdent notre départ pour le camp de droite sont employés à transporter des projectiles de Kamiesch au parc d'artillerie et aux batteries, ces corvées dans une boue épaisse sont loin d'être récréatives, le temps est affreux, il neige ou il pleut constamment.

Le général Forey nous fait ses adieux dans un ordre du jour élogieux. Le 14, nos tentes sont chargées sur des mulets du train et nous venons camper au milieu de l'armée anglaise, sur la crête du plateau d'Inkermann et en avant de notre première brigade. La division Dulac, qui a fait route avec nous, dresse ses tentes sur notre droite.

Nous sommes salués, à notre arrivée, par les boulets d'une batterie ennemie établie sur les hauteurs de la rive droite de la Tchernaïa; nos soldats l'ont depuis longtemps nommée « Gringalet », pendant tout notre séjour à Inkermann, ses boulets viendront ricocher autour de nos tentes et ne nous blesseront qu'un seul homme.

CHAPITRE VII

SIÈGE DE DROITE

Pendant qu'au siège de gauche l'armée française avait triomphé de tous les obstacles, terminé la 3me parallèle, construit et armé ses batteries, causé par les compagnies de francs-tireurs de nombreuses pertes à l'ennemi et repoussé avec vigueur toutes ses sorties; à droite, les Anglais sont décimés par la maladie et les privations, leurs chevaux d'artillerie sont morts par centaines. La distance qui sépare le soldat de l'officier est un des principaux éléments de destruction de l'armée anglaise; celui que sa naissance et sa fortune tiennent loin de ses soldats, se contente de les conduire vaillamment dans les marches et devant l'ennemi, il ne vit pas comme nous côte à côte avec ses hommes, surveillant leur conduite, inquiet de leurs besoins, constamment occupé de ces détails du service auxquels tiennent le bien-être et la conservation des soldats. Au reste, nos fils de paysans, jeunes, courageux et soumis, dont la vie s'est écoulée, jusqu'à leur arrivée sous les drapeaux, au foyer d'une famille honnête, sont pour la plupart accessibles à tous les sentiments honorables, il suffit presque toujours d'y faire appel pour les ramener promptement à la subordination et au devoir.

Quoi qu'il en soit, au 15 février, quand nous sommes

prêts à foudroyer la partie de la ville que nous attaquons, l'armée Anglaise est encore à 1.200 mètres des ouvrages russes; il est impossible de rien tenter de décisif devant nous tant que la partie de Sébastopol située à notre droite est encore intacte. On a, depuis quelque temps, reconnu que les ouvrages qui entourent Malakoff, situés sur un point culminant, sont la clef de la position: remplacer les Anglais devant eux, pousser les travaux avec activité, enserrer le faubourg de Karabelnaïa dans un réseau de batteries comme nous avons fait au siège de gauche, est le seul parti qui nous reste à prendre.

La garnison de Sébastopol a dû cruellement souffrir des maladies et de notre feu; mais ses sorties continuelles, le prodigieux développement donné à ses travaux, l'intrépidité déployée tous les jours, ou plutôt toutes les nuits par les officiers qui conduisent ses volontaires à l'assaut de nos tranchées, tout indique que le moral de l'armée russe est loin d'être abattu, que ses généraux sont encore pleins de confiance dans l'issue de la lutte. Le triste état de l'armée anglaise est connu de l'ennemi. Bien que la perte de huit ou dix mille hommes que cette armée a déjà vus disparaître, ne puisse affecter sérieusement le résultat de la campagne en présence des renforts considérables que la France envoie tous les jours, la situation de nos alliés est exploitée avec habileté par les généraux ennemis, ils exagèrent le tableau de nos souffrances et du triste état des Anglais, et soutiennent ainsi le moral de leurs soldats. Au reste la bravoure du soldat russe est fanatique et brutale; chez nous, l'intelligence du soldat lui fait comprendre et discuter les plans de ses généraux, apprécier les résultats de toutes les opérations, critiquer avec l'indépendance d'esprit et la liberté de discours naturelles à notre nation, la marche des événements et la conduite des chefs.

De cette différence profonde entre les caractères, il résulte que les succès ou les revers exaltent ou abattent tour à tour le moral impressionnable des Français, tandis que le soldat russe qui n'a rien vu, rien compris, va droit devant lui à la voix de ses officiers. Ceux-ci ne font appel qu'au fanatisme religieux et à l'empire d'une discipline rigoureuse maintenue par des moyens cruels et souvent humiliants, incompatibles avec le sentiment de dignité personnelle développé chez nous par une civilisation plus avancée et entretenue dans l'esprit de nos soldats par nos habitudes et nos traditions militaires.

Jusqu'au dernier jour de cette lutte, dont les péripéties les plus émouvantes sont encore à venir, nous trouverons donc devant nous, des hommes naturellement braves, que les revers laissent insensibles, et des officiers dont il est superflu de dire qu'ils ne le cèdent à personne pour la vigueur au feu, la témérité et la constance dans les grands périls, le sentiment le plus délicat et le plus élevé du point d'honneur.

Le nouveau camp de la troisième division est à 500 mètres au nord du « Moulin d'Inkermann », devenu une poudrière de l'armée anglaise. Les tentes de la brigade de Failly sont rangées parallèlement à la crête, face à la Tchernaïa. Cette crête est notre abri contre les boulets de « Gringalet », elle les fait ricocher et passer au-dessus de nos tentes. La pente sur la rivière est escarpée, une tranchée est creusée sur la pente même, la position de ce côté est inaccessible; derrière nous les camps du « Moulin » s'étendent sur un vaste plateau couvert de tentes anglaises.

Nous venons de recevoir un nouveau commandant de division, le général Mayran (1), récemment promu, et qui est en outre chargé de toute l'attaque de l'extrême droite dite du Carénage.

A la droite des attaques françaises du siège de gauche,

(1) Mayran né en 1801, garde du corps en 1821, lieutenant en 1828, passa en Afrique après la conquête. Colonel en 1847, il gagna au coup d'Etat le grade de général de brigade; au commencement de la guerre d'Orient, il était en Grèce avec le corps d'occupation. Arrivé en Crimée il fut nommé général de division et tomba mortellement frappé dans la fatale journée du 18 juin.

le ravin des Anglais, large et profond, séparait les deux armées; sur le plateau de droite les Anglais avaient devant eux le « Grand Redan, le Mamelon vert, Malakoff », séparés du Redan par le ravin de Karabelnaïa, sur leur droite le « Petit Redan », la batterie de la « Pointe », la « Maison en croix ». Le ravin, prolongement escarpé de la « baie du Carénage », limite de ce côté les attaques anglaises et les sépare de l'attaque du Carénage qui est toute entière sur la partie droite du ravin jusqu'à l'embouchure de la Tchernaïa dans la baie de Sébastopol. Les Anglais n'ont conservé que l'attaque du « Grand Redan », devant Malakoff et le Mamelon vert, les divisions françaises vont les remplacer; sur le « plateau du Carénage », les divisions Dulac et Mayran les ont déjà relevés.

Avant de commencer le récit des évènements qui vont s'accomplir sur ce nouveau théâtre, il importe de décrire aussi exactement que possible, le terrain qui est devant nous.

On a compris que le ravin du Carénage, perpendiculaire à la baie est par conséquent parallèle aux crêtes d'Inkerman. En sortant de notre camp, on monte en pente douce, et l'on se trouve bientôt en face d'un parapet d'une longueur démesurée construit par les Anglais, qui traverse le plateau d'un bout à l'autre; à sa gauche il est flanqué d'une redoute dont les feux prolongent sur le ravin du Carénage, sa droite va jusqu'à la crête. Pour aborder le terrain des attaques, il faut franchir ce parapet par une coupée et l'on débouche sur le principal théâtre de la bataille d'Inkermann ; à droite est la redoute du 5 novembre qu'on s'est disputée avec tant d'acharnement le jour du combat. En face de nous le plateau est bordé à droite par la redoute du « Phare », au centre par une redoute dite « des Anglais », à gauche par une dépression du sol qui descend perpendiculairement sur le ravin du Carénage.

De l'autre côté de cette dépression et des redoutes du Phare et des Anglais, nous sommes sur le théâtre des travaux d'attaque et sous les feux des ouvrages Russes. Une première parallèle court à droite sur le versant nord et va jusqu'à l'extrémité du mamelon qui domine le pont d'Inkermann, elle enveloppe ainsi de gauche à droite dans un vaste demi cercle toute l'attaque du Carénage, elle aboutit à une batterie de mortiers et à la batterie du fond du port ou de « Saint-Laurent », dont les feux s'ouvrent sur les batteries russes situées en face de l'autre côté de la baie.

Ce sont là tous les travaux que nous trouvons en voie d'exécution à notre arrivée; devant nous le plateau est encore coupé à gauche par deux petits ravins perpendiculaires au Carénage, et sur le dernier mamelon, que baignent les eaux de la baie, l'ennemi a commencé quelques travaux de défense qui seront bientôt deux redoutes formidables « Volhynie » et « Séléginsk »; ce sont les « ouvrages blancs ». Comme le Mamelon vert, comme Malakoff, ils se sont élevés comme par enchantement; à cette extrémité de la baie dont on n'avait pas cru devoir s'occuper dans le principe, le génie de Totleben nous a donné un autre siège à faire; il faudra cheminer lentement et avec peine dans un terrain difficile et souvent dans le roc, construire de formidables batteries, et enfin, dans un suprême et dernier effort briser la résistance de l'ennemi par un assaut meurtrier mais héroïque (1). On comprend de combien de feux le terrain de nos attaques est environné: en face les ouvrages blancs, à gauche tout le plateau est balayé par les saillants de gauche de Malakoff et du Mamelon vert et par les feux directs du Petit Redan, de la Maison en croix, de la batterie de l'Eperon; à droite la batterie russe du Phare et d'autres nombreuses de l'autre côté de la baie; enfin, sur notre flanc droit et presque sur nos derrières, nous sommes pris d'écharpe par Gringalet et ses voisins (2).

(1) Combat du 7 juin.

(2) Nos efforts pour décrire avec clarté le théâtre de la lutte seraient impuissants, si le lecteur n'avait pas sous les yeux le plan de Sébastopol et de ses environs, c'est pourquoi nous nous sommes décidé à joindre l'ébauche que nous avons dessinée et qui suffit à l'intelligence du récit. (*Note de l'auteur.*)

Sur le versant nord du premier ravin perpendiculaire au Carénage, dans un rocher à pic, sont creusées quelques petites grottes. C'est là que s'installent le major et le dépôt de tranchée du siège de droite.

Ce sera pendant six mois la demeure du commandant Besson que bientôt tous nos soldats connaîtront sous le nom de père Besson. Nuit et jour il circule au milieu d'eux la canne à la main, comme son collègue de gauche le colonel Raouls, le commandant Besson a été oublié par les boulets; outre son séjour sous les projectiles russes, il a été présent à presque toutes les affaires. Le véritable courage est-il donc un talisman? on serait tenté de le croire si la mort de tant de braves ne venait donner un démenti à cette consolante croyance.

L'arrivée des nouvelles divisions a rendu nécessaire une nouvelle organisation de l'armée; elle est divisée en trois corps sous le commandement des généraux Pélissier pour le premier corps, Bosquet pour le second; le troisième corps, ou la réserve reste sous le commandement direct du général en chef.

Le premier corps est composé des divisions :

1° Forey (5e chasseurs, 19e, 26e, 39e, 74e).

2° Levaillant (9e chasseurs, 21e, 42e, 46e, 80e).

3° Paté (6e chasseurs, 28e, 98e, 1re et 2me Légion étrangère).

4° de Salles (10e chasseurs, 18e, 79e, 14e, 43e).

Le deuxième corps :

1° Bonat (Ancienne division Canrobert) (1er chasseurs, 7e, 20e, 17e, 1er zouaves).

2e Camon (Ancienne division Bosquet) (3e chasseurs, 3e zouaves, tirailleurs algériens, 50e, 6e, 82e).

3° Mayran (Ancienne division Napoléon) (19e, 2me zouaves, Infanterie de marine 95e, 97e).

4° Dulac (17e chasseurs, 57e, 85e, 10e, 71e).

Réserve :

Division Brunet (86e, 100e, 49e, 91e).

Brigade de la garde impériale, général Uhrich. (1)

Division de cavalerie, général Morris (4e hussards, 6e dragons, 1er et 4e chasseurs d'Afrique).

Notre service au Carénage commence par un détachement de deux compagnies de grand'garde que nous fournissons chaque nuit au-dessus du dépôt de tranchée; elles s'y réunissent à deux compagnies de zouaves et détachent quelques petits postes dans le ravin.

Le 19 au soir, nous recevons l'ordre de nous tenir prêts à marcher le lendemain au point du jour, le général Bosquet doit, avec une grande partie de son corps, opérer une reconnaissance sur la Tchernaïa et au delà; une neige épaisse tombe toute la nuit, l'ordre de marcher ne nous fut pas donné. Le général Bosquet, s'étant mis en route, fut contraint de rentrer; la neige, fouettée par un vent violent aveuglait ses soldats, la marche des colonnes était impossible.

La journée du 20 février a été une des plus tristes de l'hiver. La neige ne cesse de tomber et le froid est très vif; heureusement le bois abonde autour de nos nouveaux camps, des souches énormes sont arrachées par les soldats. Bientôt tout le pays qui nous environne a été défriché; les propriétaires en le retrouvant ont pu apprécier le service que nous leur avons rendu.

Entourés des camps anglais, nous sommes en contact avec eux; nous nous apercevons bien vite que la plus grande partie de leurs tentes sont vides; chaque jour des brancards portés et suivis par quelques camarades marchant de ce pas raide et cadencé qui leur est particulier, conduisaient au cimetière, les cadavres de nos malheureux alliés. Ces cimetières sont voisins de nos tentes, de longues

(1) Uhrich, né à Phalsbourg en 1802, sorti de Saint-Cyr, il était capitaine en 1831 et colonel en 1848. Il prend part à la campagne de Crimée comme général de brigade; en 1855 il est nommé divisionnaire. Après la campagne d'Italie, il est admis au cadre de réserve. En 1870 il reprend du service; il commande la place de Strasbourg assiégé, qu'il ne rend que le 27 septembre, après un long et cruel bombardement. Le général Uhrich est mort en 1888.

files de tombes s'alignent tous les jours; l'armée anglaise resserre bientôt ses campements, les débris des régiments s'éloignent, et nous restons seuls gardiens de leurs tombeaux.

Le champ de bataille d'Inkermann est couvert de fosses, les inhumations ont été faites avec une telle précipitation que des cadavres en putréfaction sont à peine recouverts de quelques pouces de terre; près de nous des chevaux, enterrés par centaines, remplissent l'atmosphère d'exhalaisons empestées; malgré ce voisinage infect, aucune épidémie ne règne dans la division.

La construction des « ouvrages blancs » sur les plateaux du Carénage, rendait impossible l'investissement complet des défenses du côté gauche du ravin; pour s'acheminer sur la gauche de Malakoff, le petit Redan et la batterie de l'Eperon, il faut être maître de toute la partie droite du ravin jusqu'à la baie.

La pensée d'enlever de vive force, et par un heureux coup de main, les ouvrages blancs avant qu'ils aient acquis un développement plus redoutable, fut donc inspirée par la nature des choses et décidée par le général en chef.

Le 2me zouaves et le 4me de marine de notre division furent chargés de cette opération, sous les ordres du général de Monet. De la 1re parallèle, la seule ouverte à cette époque, dont les troupes devaient s'élancer, la distance à franchir est au moins de 900 mètres, avec un ou deux ravins à traverser. Avant d'arriver aux ouvrages mêmes, on devait rencontrer de nombreuses embuscades russes placées au delà du dernier ravin.

Le 23 février, à minuit, le 2me zouaves, conduit par le général de Monet, le colonel Cler, les commandants Darbois et Lacretelle (1), s'est élancé de la tranchée, formé

(1) Lacretelle (Charles-Nicolas) fils de l'historien de ce nom, naquit en 1824. Capitaine au 1er bataillon de la Légion étrangère en Algérie, il devint chef de bataillon en Crimée, colonel en 1857; général de division en 1870, il fit partie du corps d'armée de Mac-Mahon. Placé depuis dans le cadre de réserve, il est entré dans la

en deux colonnes; l'infanterie de marine doit les suivre, mais le terrain raviné, l'obscurité complète égarent sa marche, les zouaves seuls arrivent aux ouvrages. Les embuscades russes se sont repliées et ont donné l'éveil, des détachements ennemis nous attendent de pied ferme ; nos intrépides zouaves sont reçus par des feux meurtriers qui partent soit du sommet du parapet, soit du fond des fossés des ouvrages russes. Le général de Monet est blessé grièvement, des colonnes russes de secours arrivent en masses considérables, le terrain est éclairé par des pots à feu lancés par l'ennemi.

Cette lutte sanglante nous a coûté déjà l'élite du 2me zouaves, il faut se retirer sous peine d'enterrer là son dernier homme, la retraite s'opère sous le feu de toutes les batteries ennemies.

Malgré l'insuccès de cette chaude affaire, le 2me zouaves en a retiré une gloire méritée ; il l'a du reste payée chèrement ; treize officiers et deux cents hommes au moins sont hors de combat.

L'inutilité de cette attaque nous condamnait pour cette partie des ouvrages russes, comme pour les autres, aux lenteurs d'un siège régulier : on s'y mit avec ardeur.

Toutes les nuits des milliers de travailleurs remplissent des sacs à terre; derrière la 2me parallèle sur le roc vif, six batteries s'élèvent comme par enchantement, elles sont en gabions et en sacs à terre, en raison de la nature du sol. Ces travaux sont toujours meurtriers : outre les embuscades russes qui tiraillent constamment, les batteries ennemies ne cessent de couvrir la terre de leurs projectiles ; tous les soirs un petit vapeur remonte la baie et toute la nuit nous envoie ses obus, en choisissant, avec une précision funeste, les points où sont rassemblés nos gardes et nos travailleurs ; nous fournissons notre part des victimes.

En avant de la ligne de nos batteries et à 600 mètres

vie politique comme député conservateur du Maine-et-Loire en 1888.

environ des ouvrages blancs, la 2me parallèle est creusée dans le roc ; elle est gardée chaque jour par deux bataillons. Les embuscades russes sont à moitié chemin, elles échangent avec les tirailleurs du 17me et du 19me chasseurs une mousqueterie continuelle.

Outre le bataillon de garde à la parallèle, deux compagnies continuent à venir, chaque jour, s'établir au-dessus du dépôt de tranchée ; la nuit elles se rendent à la batterie des mortiers, située à la droite de la première parallèle ; avant d'arriver à ce point un poste s'en détache, descend un ravin profond qui court jusqu'à la baie et vient se placer pour la nuit sur le bord du canal de dérivation et près d'une petite maison d'éclusier. Un poste russe est à cent mètres, sur la gauche, détaché probablement des ouvrages blancs.

Ces gardes isolées loin de tout secours ont été depuis le commencement de la campagne bien souvent le lot du 95me : tous les hommes y ont passé plusieurs fois, leur moral en est singulièrement affermi, et tous, officiers et soldats y ont contracté ces habitudes précieuses de vigilance et d'énergie, qui constituent la supériorité réelle des armées.

Avec les premiers jours de mars, la neige a disparu, le soleil revient, la vie des camps s'améliore, les distributions de viande fraîche et de pain ont lieu presque tous les deux jours. Kamiesch est devenu un bazar immense de comestibles, de vins, de liqueurs de toute sorte. Nous recevons de temps en temps du vin remboursable, les conserves de julienne permettent de varier la soupe du soldat, qui dans nos armées est la base de l'alimentation journalière.

La formation de nouveaux régiments de la garde, nous prend quelques vieux soldats; ils sont bientôt remplacés par 250 hommes venus de France des 15me et 17me légers.

Pendant que devant nous l'attaque du « Carénage », se poursuit avec activité, que nos batteries se terminent, de l'autre côté du ravin, en avant de la « redoute Victoria », tout a changé de face depuis que nous avons remplacé les Anglais. Les divisions Camou (1) et Brunet (2), cette dernière nouvellement arrivée, fournissent des travailleurs en grand nombre ; les cheminements avançent. Tout le terrain compris entre les ouvrages russes et nos parallèles, est parsemé d'embuscades ; leur enlèvement donne lieu à des combats fréquents ; presque toutes les nuits la fusillade nous réveille, et quoique nous ne soyons pas de garde, il faut rester longtemps sous les armes.

Nous fournissons aussi des travailleurs à la droite de cette attaque, dont l'ennemi a compris toute la gravité ; aussi ses efforts pour arrêter nos progrès devant le « Mamelon vert » redoublent d'énergie. Le feu de ses batteries devient de plus en plus violent et ne cesse ni jour ni nuit ; ses sorties sont continuelles et s'opèrent par masses considérables.

Dans la nuit du 22 au 23 mars, sur tout le front de nos tranchées devant le « Mamelon vert », des colonnes russes sorties à droite et à gauche se sont déployées et, conduites par leurs officiers avec leur vigueur habituelle, se précipitent sur nos parapets. Partout elles sont reçues par les compagnies de garde, les bataillons de secours sont accourus ; c'est une mêlée furieuse qui nous coûte de vaillants officiers, de braves soldats. La lutte se prolonge pendant plusieurs heures : de la batterie des Mortiers, où nous sommes de garde, nous entendons de tous côtés les clairons sonnant les marches des bataillons qui arrivent : leurs notes retentissantes se mêlent aux hurras de l'en-

(1) Camou, né en 1792, entra au service en 1808. Capitaine en 1823, il était colonel en 1844, se signala en Algérie, en particulier au siège de Zaatcha. Général de brigade en 1848, il est divisionnaire en 1852, à la fin de la guerre de Crimée il commanda un corps d'armée. Après la campagne d'Italie, il passa dans le cadre de réserve et mourut en 1868.

(2) Brunet, né en 1803, sortit de Saint-Cyr en 1821, fit un long séjour à la Guadeloupe ; il était capitaine quand il revint en 1832 ; chef de bataillon en 1840, il se distingua en Afrique pendant l'expédition faite pour ravitailler Médéah et pendant la campagne de Milianah ; général de brigade en 1851, en 1854 il fut envoyé en Orient comme divisionnaire, il fut tué le 18 juin 1855.

nemi, qui se lasse enfin et se retire, laissant le champ de bataille couvert de ses morts. Le 3me zouaves, le 4me chasseur, le 82me eurent les honneurs de ce combat de nuit, le plus important de ceux qui ont été livrés jusqu'à ce jour.

L'ambulance de tranchée est au-dessous des grottes habitées par le commandant Besson, les blessés sont sous de grandes tentes, chaque jour en fournit son douloureux contingent. Plus loin, dans le ravin du « Carénage », est situé le cimetière ; des fosses sont ouvertes d'avance, pour recevoir les cadavres des victimes futures ; tous les matins en allant aux gardes ou au travail, nos soldats défilent à côté de ces fosses béantes, devant lesquelles ils ne repassent presque jamais sans y laisser les dépouilles de quelques-uns des leurs. Ces scènes de deuil font tellement partie de notre existence journalière que l'âme s'est blasée à ces spectacles, à mesure que les chances de mort augmentent, que les rangs éclaircis nous avertissent que bientôt ce sera notre tour. Il semble que l'insouciance du lendemain grandit de son côté, les forces croissent parallélement aux obstacles, et, pour les efforts inouïs qu'il faudra bientôt tenter, le moral de l'armée sera progressivement arrivé à ce degré d'exaltation et de fièvre, où l'on pourra lui demander les plus grandes choses.

Dans les premiers jours d'avril, depuis la « baie de la quarantaine » jusqu'au fond de la « baie de Sébastopol », la ville est entourée par un réseau de batteries prêtes à ouvrir le feu. Au siège de gauche on est en mesure depuis longtemps, le général Pélissier (1) apporte à la direction

(1) Pélissier (Aimable, duc de Malakoff), né à Maronnes (Seine-Inférieure) en 1794. Sous-lieutenant à l'artillerie de la garde aux Cent-Jours, il entrait en 1819 dans le corps d'état-major et fit comme lieutenant la campagne d'Espagne, et celle de Morée comme capitaine. Colonel en 1842 et sous-chef d'état-major de l'armée d'Algérie, maréchal de camp en 1846, il commandait en 1848 la division d'Oran, il eut un instant le gouvernement intérimaire de l'Algérie et il couronna ses hauts faits d'Afrique par la prise de Laghouat; il était général de division depuis 1850. Appelé à l'armée d'Orient il prit le commandement en chef le 16 mai 1855. Après la prise de Sébastopol le 8 septembre, il reçut le bâton de maréchal de France, et fut créé sénateur et duc de Malakoff. Ambassadeur à Londres, il prit en 1859,

supérieure de toute cette partie de nos attaques l'opiniâtreté intelligente qui est le fond de son caractère, et qu'il va bientôt déployer sur un plus grand théâtre.

Le 8 avril au soir, jour de Pâques, un ordre du général en chef nous annonce l'ouverture du feu pour le lendemain. Cette fois 500 pièces de gros calibres sont en batterie, nous attendons avec une anxiété facile à comprendre quel sera le résultat de ce déploiement inouï de feux, dont il n'y a pas d'exemples dans l'histoire de nos guerres modernes.

Le 9, au point du jour, toutes nos batteries tonnent à la fois; pendant toute la journée, des nuages immenses de fumée blanchâtre enveloppent la longue ligne de nos travaux et de ceux de l'ennemi ; une pluie abondante contrarie nos artilleurs, ils sont couverts de boue et noirs de poudre et de fumée ; l'ennemi répond avec une énergie croissante, des bordées entières partent de tous les saillants de ses ouvrages, et déjà le sang de nos artilleurs coule et se mêle à la boue sur le sol.

Pendant la nuit, des fusées lancées de la « redoute Victoria », tracent dans l'espace des sillons lumineux et s'abattent sur la ville en pluie de mitraille et de feu. Les bombes et les obus se croisent dans les airs et éclatent avec fracas. Si la pensée que tous ces instruments de mort qui frappent en aveugles tant de braves gens ne venait attrister l'âme, ce serait un magnifique spectacle.

Le bombardement continue le lendemain et le surlendemain, nous sommes de garde dans la parallèle en avant des batteries 1, 2, 3, elle est entièrement creusée dans le roc, battue par devant par les Ouvrages blancs et par plusieurs batteries, elle est enfilée à droite par la batterie russe du « Phare », à gauche par des faces du Mamelon vert et de Malakoff. Notre position est un supplice de vingt-quatre heures, il faut passer tout son temps à se garer des projectiles ennemis qui nous frappent par devant ou nous

le commandement de l'armée d'observation à Nancy. Gouverneur général de l'Algérie en 1860, il mourut en 1864.

prennent d'écharpe, et des bourres et des sabots de nos obus qui nous arrivent par derrière, le combat entre les deux artilleries, se livrant ainsi au-dessus de nos têtes.

Quelquefois « Malakoff », « le Mamelon vert », ralentissent leur feu, et même, pendant quelques moments, se taisent tout à fait ; nul doute, leur feu est éteint ! Mais hélas ! nos illusions ne sont pas de longue durée, la canonnade redouble de fureur, il est évident que les Russes réparent leurs épaulements, et qu'à mesure qu'une pièce est démontée elle est remplacée sur-le-champ, au moyen de cet inépuisable arsenal de la marine, qui a accumulé dans la place l'artillerie la plus nombreuse et la plus formidable qu'il y ait en Europe.

Les jours suivants, l'insuffisance de nos moyens devient de plus en plus manifeste, les remparts de terre de la ville absorbent une masse énorme de projectiles, qui s'enfoncent dans le sol sans produire aucun résultat. Quand plus heureux, nous parvenons à briser un affût, à démanteler une embrasure, la nuit suivante tout est réparé.

L'obstination de la défense a crû avec celle de l'attaque; l'armée russe a changé de général en chef, le prince Gortschakoff a, depuis quelques jours, remplacé le prince Menschikoff.

La mesure des sacrifices qu'il nous reste à accomplir est connue de tout le monde et pourtant personne n'est découragé. L'action de nos batteries ne sera décisive que le jour où, nos parallèles arrivées à 40 ou 50 mètres de la place, les colonnes russes entassées dans leurs ouvrages, pour parer aux éventualités d'un assaut, seront écrasées par nos projectiles.

En attendant, chaque jour amène son deuil ; après un grand nombre d'officiers supérieurs et subalternes, le général Bizot est frappé à son tour, en parcourant avec le général Niel (1) les tranchées anglaises ; c'est une perte

(1) Niel, né à Muret (Haute-Garonne), en 1802, élève de l'école polytechnique, lieutenant en 1827. Envoyé en Afrique, il se distingua comme chef de bataillon à la prise de Constantine 1837, général de

pour l'armée, qui, depuis le commencement du siège, a tous les jours été témoin de son activité incessante et de son courage héroïque.

Nos batteries se turent peu à peu, chaque pièce dut tirer un certain nombre de coups par vingt-quatre heures, les travaux reprirent leur cours avec une nouvelle énergie.

Le 95me était relativement heureux, il avait perdu beaucoup d'hommes par le feu de l'ennemi, mais son corps d'officiers était encore intact.

L'hiver a disparu ; à nos pieds les rives de la Tchernaïa et les bosquets d'alentour se couvrent de verdure et de feuillage, nos muletiers descendent dans la plaine et rapportent du fourrage vert que mulets et chevaux dévorent avidement.

Le 27 avril, par une belle journée, le deuxième corps est passé en revue par le général en chef ; nous formons une longue ligne de bataillons massés, dont la droite appuie au « télégraphe » et la gauche au « moulin d'Inkermann ».

Le général Canrobert est suivi d'un nombreux et brillant état-major, il s'y trouve quelques officiers anglais et quelques amazones, blondes filles d'Albion qui sont bravement venues rejoindre leurs époux.

Après avoir passé devant le front de chaque division, le général Canrobert fait former le cercle aux officiers, il nous annonce l'arrivée de 40.000 hommes de renfort et nous dit avec une simplicité énergique : « Lorsque deux nations comme la France et l'Angleterre, se sont accrochées à quel-

brigade après la prise de Rome 1849, il devint directeur du génie au ministère de la guerre et général de division en 1853. Au commencement de la guerre d'Orient, il dirigea le siège de Bomarsund ; envoyé en Crimée en 1855, il prit la direction générale du génie devant Sébastopol. Aide de camp de l'empereur, il fut chargé en 1858 de faire au roi de Piémont la demande officielle de la main de la princesse Clotilde pour le prince Napoléon. Commandant du 4me corps pendant la guerre d'Italie, il assista à la bataille de Magenta et à celle de Solferino, et à la suite de cette dernière fut nommé maréchal de France. Ministre de la guerre en 1867, il fit voter une loi sur la réorganisation de l'armée (création de la garde mobile), il mourut en 1869.

que chose, rien ne peut les faire lâcher, et si nous ne pouvons entrer dans Sébastopol par les portes, nous entrerons par les fenêtres. »

Le spectacle de nos nombreux bataillons que des arrivées successives maintiennent à un chiffre normal, l'allure délibérée de nos fantassins, durent faire croire à cette nuée d'officiers anglais qui n'avaient rien de mieux à faire que de nous passer en revue, que les paroles du général en chef pourraient se vérifier et qu'avec ou sans l'armée anglaise la ville tomberait.

De l'observatoire de « Makensie », les Russes purent voir notre magnifique défilé, que fermait la belle cavalerie du général Morris.

Aux fatigues des gardes et des travaux succèdent celles de l'exercice; tous les matins après le réveil, nous prenons les armes et nous manœuvrons devant notre front de bandière ; ces réunions intempestives n'ont d'autres résultats que de nous attirer quelques boulets de plus que nous envoie « Gringalet ».

Le 5 mai, à notre poste habituel dans la parallèle, un boulet de 48 qui a ricoché contre le parapet extérieur retombe à pic, fracasse le pied du capitaine Kock des grenadiers du 1er bataillon et blesse le sergent Laveden de la même compagnie. La blessure de notre brave capitaine nous laissait pour quelque temps le commandement d'une belle compagnie de grenadiers. Entré à l'ambulance, le capitaine Kock put heureusement échapper à l'amputation.

Le colonel Labadie a été nommé général; le 18 mai, un nouveau colonel, M. Danner, nous est arrivé. Le colonel Danner est un ancien officier d'Afrique, il aura l'honneur de commander le 95me pendant le reste de la campagne; dès aujourd'hui nous devons dire que son active sollicitude pour tous ceux qui lui obéissent ne le cédera qu'à son courage dans le danger et aux habiles dispositions qu'il a su prendre toutes les fois que nous nous sommes trouvés en face de l'ennemi.

C'est le 19 mai que, par un ordre du général Canrobert,

LE MARÉCHAL CANROBERT

l'armée apprend qu'il a cédé le commandement en chef au général Pélissier.

Nous avons attendu le moment où le général Canrobert déposerait le fardeau du commandement, pour rendre à notre général en chef l'éclatante justice qui lui est due.

Le désintéressement et l'abnégation qui ont été les mobiles de sa démarche ont couronné l'œuvre du général et entouré sa retraite d'une auréole de vertu romaine bien rare à notre époque. Ce qui nous a le plus frappé, dans les qualités éminentes que le commandement en chef a fait ressortir en lui pendant ces longs mois, c'est la sollicitude incessante du général pour ses soldats; à la tranchée, au feu, dans les camps, dans les ambulances, on le voyait toujours, on le voyait partout. Pour lui pas de repos, pas de trêve; sous le poids d'une responsabilité d'autant plus lourde que le sentiment du devoir est chez lui plus développé, le général a dû garder pour lui seul le secret de ses préoccupations; aux soldats, à nous, il ne montrait sa bienveillante et noble figure que souriante et épanouie. Que de fois au pauvre enfant de nos villages, souffrant à vingt ans des douleurs au-dessus des forces de l'âge mûr, un mot du général a rendu l'espoir et la vie! En conservant l'armée, en se dévouant nuit et jour à cette œuvre de patience, Canrobert a obéi à l'impulsion de sa nature; c'est plus qu'un vaillant soldat, plus qu'un intelligent général, c'est l'homme du sacrifice et du devoir.

L'opinion de la France ne s'y est pas trompée, elle lui a élevé, dans le cœur de la nation, un monument de reconnaissance, qui, jusqu'à son dernier jour, sera pour le maréchal Canrobert, un trésor de jouissance morale digne de son noble cœur, récompense plus douce que tous les honneurs qui l'attendaient au retour.

Le général Pélissier a conquis en Afrique une de ces réputations solides qui ne doivent rien aux hasards de la fortune, il a, lentement, et pas à pas, monté tous les échelons de sa carrière, chaque grade a été pour lui la récompense d'un succès; nul n'a, jusqu'à ce jour, fait plus que lui preuve d'une intelligence militaire élevée, d'un caractère énergique, d'une volonté de fer. Dur à lui-même et aux autres, il est évidemment, de tous nos officiers généraux, le plus capable d'imposer à tous les chefs de corps l'ascendant de sa vieille expérience, et aux généraux alliés celui d'une volonté puissante, qui n'admet ni discussion ni contrôle ; il saura mieux que personne imprimer une direction énergique aux efforts communs, et prendre la responsabilité des décisions les plus graves, des sacrifices douloureux qui vont devenir nécessaires pour briser la résistance de l'ennemi, dont la ténacité et le courage grandissent à mesure que nous le serrons de plus près.

Le général Canrobert reprend modestement le commandement de son ancienne division. Le général de Salles a remplacé le général Pélissier dans le commandement du premier corps.

A gauche les travaux ont été poussés avec vigueur ; toutes les nuits ce sont des prises d'embuscades, de gabionnades, combats sanglants dont nous recevons à peine les lointains échos. Nous avons peu le temps de circuler dans les camps, et d'aller aux nouvelles ; les officiers anglais courent partout, on ne peut faire un pas sans rencontrer des officiers d'infanterie à cheval ; leur rendez-vous habituel est Balaclava.

Rien n'est changé à notre vie, tous les jours travail, gardes aux tranchées, toujours la canonnade, toujours la mousqueterie des embuscades et de nos tirailleurs. Les nuits ne sont plus froides, le temps est beau. Notre général de division Mayran ne trouve pas nos occupations et nos fatigues suffisantes, chaque jour, lorsque les gardes sont réunies ; il se donne le plaisir de les voir manœuvrer sac au dos pendant une heure avant de se rendre aux tranchées. C'est le second exercice de la journée.

A ce propos, nous ne pouvons nous empêcher de remarquer que les qualités nécessaires au commandement ne peuvent s'acquérir qu'en faisant campagne dans les grades subalternes ; que de fautes de détail, que de fatigues inutiles un général éviterait à ses soldats harassés qui le maudissent, s'il avait autrefois vécu de leur vie dans des circonstances analogues ! C'est en leur montrant qu'il s'occupe d'eux, de leur bien-être, qu'un général se fait aimer et estimer de ses soldats, c'est par lui-même qu'il doit tout voir et tout savoir. Il y avait deux mois que le général Mayran nous commandait, que sa figure nous était encore inconnue. Dieu nous garde cependant de ne pas rendre justice à ses brillantes qualités militaires, il est mort en vaillant soldat et au champ d'honneur, paix à sa tombe.

Toujours au milieu de nous, connaissant tous ses officiers, le général de Failly, au contraire, s'était identifié avec sa brigade ; aussi, quoique sévères pour les détails du service et de la tenue, ses ordres étaient toujours donnés avec discernement et exécutés avec promptitude.

Le mois de mai fut superbe, les nuits de garde ne sont plus rien pour nous, nos corps endurcis se sont faits à ces veilles : pendant qu'une partie des hommes est debout, les autres étendus sur le sol, la tête sur une pierre qui leur sert d'oreiller, dorment dans une profonde insouciance.

En avant de la parallèle où nous montons la garde, une tranchée en forme de T, s'avance vers le petit ravin qui nous sépare de la redoute Volhynie. Ce T est occupé nuit et jour par une compagnie d'élite et des chasseurs ; souvent les éclats de nos obus lancés sur les ouvrages blancs, reviennent sur nous et nous donnent le double travail de nous garantir des projectiles russes et des nôtres.

Le développement de nos parallèles au siège de droite exige un front de défense considérable, le service de tranchée est fait par un général de brigade, secondé par un colonel ; leur poste habituel est la « redoute Victoria ».

Le début du général en chef fut un combat brillant et meurtrier. Au siège de gauche en avant des ouvrages de la « Quarantaine », un vaste cimetière entouré de murs servait à l'ennemi pour loger ses embuscades. On ne pouvait cheminer plus avant sans enlever ce point. Il fallut deux nuits d'une lutte acharnée pour rester maître du terrain ;

le succès nous coûta un sang précieux, mais il marquait un progrès sérieux et inaugurait une série d'entreprises audacieuses qui allait enfin succéder à l'action jusqu'alors à peu près impuissante de nos batteries et utiliser la furie française, ce caractère particulier de notre armée, qui est et qui sera longtemps un des plus puissants instruments de nos succès et de nos gloires.

Le combat du cimetière, livré dans les nuits des 23 et 24 mai, est jusqu'à ce jour le plus important du siège, par le nombre des troupes engagées, l'étendue du terrain conquis, la durée de la lutte; il couvrit de gloire les divisions Paté et Levaillant et les voltigeurs de la garde.

En poussant une reconnaissance dans le « ravin du carénage », un officier du génie avait trouvé le sol parsemé de boîtes fulminantes, petites machines infernales qui devaient éclater sous les pieds de nos soldats à mesure que l'avancement de nos travaux les amènerait sur ce terrain. Le 30 mai la 5e compagnie du 2e bataillon du 95e, capitaine Lemoine, fut chargée de l'enlèvement de ces boîtes, qu'on ne pouvait exécuter qu'en plein jour et sous le feu plongeant des embuscades russes, qui bordent à droite et à gauche les deux versants du ravin. Le sous-lieutenant Sallestradère s'avance hardiment à la tête de dix-sept hommes et parvient à recueillir un grand nombre de boîtes, mais ils sont fusillés sur les flancs et sur les derrières par les tirailleurs ennemis auxquels notre petit détachement sert de cible; c'est sous une grêle de balles que nos courageux soldats accomplissent leur œuvre. Le jeune sergent Brô, qui s'est porté plus en avant, est tombé mortellement atteint, le caporal Gourgues et le soldat Bourg essaient à plusieurs reprises de l'emporter; mais ils sont obligés de l'abandonner après avoir échappé eux-mêmes à une mort certaine. Sur les dix-sept hommes qui prirent part à cette opération, un fut tué, un autre amputé et trois blessés plus légèrement,

Une expédition anglo-française partie le 22 mai de Kamiesch avait eu une heureuse issue. La ville de Kertch et le fort de Yéni-Kalé furent occupés sans coup férir, notre succès fut complet et ses résultats funestes à l'ennemi ; nous lui coupions une ligne de communication précieuse.

L'arrivée de nouvelles divisions avait nécessité la formation d'un 3e corps d'armée, le corps de réserve, sous les ordres du général Regnault de Saint-Jean-d'Angély (1), la garde impériale en fit partie.

L'armée anglaise recevait des renforts, réparait ses pertes en chevaux, reprenait, en un mot, l'attitude imposante qu'elle avait au début de la campagne.

Le corps du général La Marmora (2) était arrivé ; nos voisins du Piémont avaient, eux aussi, voulu donner au colosse du Nord leur petit coup de dent ; peut-être eût-on fait sans eux et eût-il mieux valu garder en réserve contre l'Autriche des soldats si braves et des millions si précieux.

Entassés sur le plateau de « Chersonèse », les alliés manquaient d'air et d'espace : le 31 mai, une reconnaissance offensive dirigée par le général Canrobert avec sa division, la division Brunet et la cavalerie du général Morris, nous rendit maître de toute la rive gauche de la

(1) Regnault de Saint-Jean-d'Angély, né en 1792, était sous-lieutenant au 8e hussards pendant la campagne de Russie. Nommé chef d'escadron sur le champ de bataille de Waterloo, il fut rayé, à la Restauration, des contrôles de l'armée. Rétabli dans son grade en 1830, il était général de division en 1848, sénateur en 1852, et en 1854 commandant en chef de la garde impériale. Il ne prit qu'une part secondaire à la campagne de Crimée, mais en Italie il se distingua surtout à Magenta, où il fut fait maréchal de France. Il est mort en 1870.

(2) La Marmora (Alphonse Ferrero, marquis de), né en 1804 à Turin. Lieutenant d'artillerie en 1833, il était major quand éclata la guerre d'indépendance contre les Autrichiens et s'y distingua. Nommé lieutenant-général, puis ministre de la guerre, il réorganisa l'armée sarde, et commanda le corps piémontais envoyé en Crimée. Il reprit à son retour le portefeuille de la guerre jusqu'en 1859, au moment de la deuxième guerre d'indépendance à laquelle il voulut coopérer d'une façon plus active. A la paix, il fut pour la troisième fois ministre de la guerre, devint ambassadeur à Berlin, préfet de Naples, député, ministre des affaires étrangères. Il commanda à Custozza, où il se fit battre. En 1870, après l'invasion des Etats pontificaux, il commanda la ville de Rome, et rentra en 1871 dans la vie privée. Il mourut en 1878.

Tchernaïa, et, sur la rive droite, des premiers contreforts du Chouliou. La résistance des avants-postes russes fut peu sérieuse, il nous laissèrent jouir en paix des rives verdoyantes et boisées de la rivière.

Les divisions Canrobert et Brunet s'installèrent sur les monts Féduchènes, leurs avant-postes au pont de Tractir et le long du cours sinueux de la Tchernaïa. Les Piémontais établirent leur camp à notre droite et sur les hauteurs en arrière de Tchorgoun.

Le 3 juin, une reconnaissance de la vallée de Baïdar par le général Morris (1) compléta le mouvement offensif du général Canrobert et éclaira la droite de notre position.

Dans les premiers jours de juin, de nombreux travailleurs de notre division ont creusé une 3me parallèle, qui devient le prolongement du T et nous rapproche ainsi d'une manière sensible des « ouvrages blancs » (2).

(1) Morris Louis-Michel, né en 1803. Sorti de Saint-Cyr, il fut envoyé en Algérie en 1837 comme chef d'escadron aux chasseurs d'Afrique ; il y devint colonel en 1843, se distingua aux affaires de Graba, de Kounnis, à la prise de la smala, à la bataille d'Isly. Général de division en 1851, il commanda en Crimée la division de cavalerie. Il fit en 1859 la campagne d'Italie. Il mourut en 1867.

(2) Quelques mutations ont eu lieu depuis quelque temps parmi les officiers du 95me : les capitaines Moreno et de Saint-Remy ont été nommés chefs de bataillon ; le commandant Compérat, passé lieutenant-colonel, a été remplacé au 1er bataillon par M. Tigé. Un nouveau chef de bataillon, M. Lecomte, prend le 6 juin le commandement du 2me bataillon. (*Note de l'auteur*).

CHAPITRE VIII

SEPT JUIN

L'ÉTÉ était venu, les grands coups allaient se porter, les puissants renforts arrivés de France permettaient de tout essayer. A notre attaque de droite, les travaux sont terminés; devant le « mamelon vert » la dernière parallèle est à 50 mètres des embuscades russes; devant nous les « ouvrages blancs » sont en partie séparés de notre dernière tranchée par un ravin couvert aussi par des embuscades ennemies.

L'enlèvement du « mamelon vert » en face de « Victoria », celui des « redoutes blanches » en face de nous, a été décidé; devant la volonté impérative du général en chef, dont le caractère résolu commençait à se dessiner, les officiers généraux n'eurent à discuter que sur l'heure et sur les détails de l'exécution.

Le 6 juin, au point du jour, toutes les batteries du siège de droite ouvraient un feu violent; nos artilleurs concentraient leurs coups sur les ouvrages qu'on devait enlever. Au « mamelon vert » on fit subir au parapet des dégradations sérieuses; aux redoutes « Séleginsk et Volhynie », construites sur le roc, les embrasures furent endommagées et les talus de terre et de rochers éprouvèrent aussi des dégradations suffisantes pour devenir accessibles à l'agilité de nos soldats.

L'ennemi répondit avec sa vigueur accoutumée. Pour occuper l'attention de ses généraux sur toute la ligne, les batteries du siège de gauche ont de leur côté commencé à tirer, d'un bout à l'autre de nos attaques, sur un front de plus de deux lieues ; ce combat d'artillerie dura jusqu'au soir ; la nuit venue, nos mortiers et nos obusiers continuèrent seuls l'œuvre de destruction.

Dans la soirée, le général de Failly réunit sous sa tente tous les officiers supérieurs et les commandants de compagnies d'élite de sa brigade. Dans un langage énergique et précis, le général nous expliqua le rôle de chaque bataillon pour l'assaut du lendemain.

Les deux bataillons du 95me et le 1er bataillon du 97me devaient se masser dans la parallèle, en sortir au signal donné, et, conduits par le général en personne, se jeter sur le front et sur les flancs de la redoute « Volhynie », tandis que le 2me bataillon du 97me, sous les ordres du colonel Larroug d'Orion, descendrait le ravin du Carénage et couperait à l'ennemi, chassé des « ouvrages blancs », la retraite sur la ville, retraite qu'il ne pouvait opérer qu'en traversant à son extrémité le ravin du Carénage.

Les deux compagnies de voltigeurs du 95me et deux compagnies du 17me chasseurs devaient précéder en tirailleurs les colonnes d'assaut et enlever devant elles les embuscades russes qui couvrent le front des redoutes.

A notre droite, la première brigade, conduite par le général Lavarande (1), attaquera la redoute « Séleginsk » en marchant à notre hauteur.

Le général Mayran avait la direction supérieure de ces deux brigades; un bataillon de gendarmes de la garde et la division Dulac devaient attendre dans les parallèles, nous

(1) Lavarande, né en 1813, sous-lieutenant en 1833, fut envoyé en 1840 en Afrique et pendant 13 ans y conquit tous ses grades; il se distingua dans des expéditions en Kabylie, au siège de Zaatcha et à la prise de Nazab; il rentra en France en 1853, colonel. Envoyé en Crimée, il y est nommé général de brigade; il y fut tué le 18 juin 1855.

servir de réserve et en cas d'échec nous appuyer. Si un succès rapide, auquel tout le monde avait foi, couronnait nos efforts, on devait enlever au delà la batterie du 2 mai et s'assurer ainsi la possession complète de tout le côté droit du Carénage.

De l'autre côté du ravin, la division Camou était chargée de l'attaque du Mamelon Vert, la division Brunet lui servait de réserve.

Le signal serait donné par une fusée partant de Victoria à 6 heures du soir. Cette heure habilement choisie par le général en chef, nous donnait deux heures de jour pour marcher et combattre et la nuit pour nous fortifier dans les positions conquises et les retourner contre l'ennemi.

Le 7 au matin le feu recommence de part et d'autre avec la même violence que la veille; le 2e bataillon du 95e est de garde dans la parallèle, le colonel Danner est de tranchée.

Les batteries russes criblent de leurs projectiles tous les plateaux du Carénage; un de nos camarades, le capitaine Lestorey, de garde au-dessus du dépôt de tranchée, a le bras droit fracassé par un éclat d'obus; une heure auparavant le sergent Bistorin de sa compagnie avait la cuisse brisée par un boulet; moins heureux que son capitaine, il n'a pas survécu à l'amputation.

La blessure du capitaine Lestorey (1) est, jusqu'à ce jour, la plus grave qui ait frappé les officiers du régiment. La journée ne devait pas finir sans que cette fois notre famille militaire payât son tribut de mort et de sang; notre tour était venu.

L'ordre de l'assaut avait été lu dans les compagnies, nos soldats l'accueillent avec acclamation, aucun d'entre eux pourtant n'ignore les terribles hasards qu'ils vont affronter. La parallèle est à 500 mètres des redoutes; c'est donc une marche en plein jour, sous un feu d'artillerie ef-

(1) Cette blessure qui nécessita l'amputation du bras droit de notre ami a subitement arrêté à 29 ans un bel avenir militaire. (*Note de l'auteur.*)

froyable, couronnée par une lutte à l'arme blanche; certes la chance d'y rester est plus grande que celle d'en revenir.

Les officiers sont plus graves, ils règlent leurs affaires et se donnent les uns aux autres cette mission douloureuse des survivants, d'avertir et de consoler les familles des morts.

A 4 heures la division prend les armes, et se forme près du camp, le général Bosquet arrive au galop, il nous passe en revue rapidement. Il a le commandement de toute l'attaque, il trouve quelques-unes de ces paroles qui exaltent les courages, sa figure est rayonnante d'audace, toutes les poitrines lui répondent par des cris d'enthousiasme.

Les colonnes se mettent en marche, à 5 heures nous sommes dans la tranchée, attendant le signal.

La force de nos compagnies est en moyenne de 70 hommes; la musique est avec nous, elle doit jouer pendant notre course vers les redoutes et s'employer ensuite au transport des blessés. Les compagnies marchent à l'assaut; personne ne doit regarder en arrière, défense de s'inquiéter des hommes qui tombent à côté de vous.

Arrivés dans la tranchée, les officiers élèvent la tête au-dessus du parapet pour une dernière reconnaissance de la redoute, elle se dresse à 500 mètres devant nous, un ravin peu profond nous en sépare, sur le versant opposé du ravin est un cordon d'embuscades, le terrain à parcourir est rocailleux et parsemé de petites broussailles.

D'après les instructions du général de Failly, le colonel Danner doit, à la tête du 2e bataillon, attaquer le saillant de gauche de la redoute, le lieutenant-colonel Paulze, avec le 1er bataillon, le saillant de droite. Le colonel Malher avec le 1er bataillon du 97e doit servir de réserve à nos deux colonnes.

Le soleil est encore haut sur l'horizon, son coucher splendide éclairera un des plus beaux faits d'armes de la campagne; le feu de nos batteries cesse tout à coup...

Il est 6 heures, la fusée de Victoria est partie ; nos deux

compagnies de voltigeurs et les deux compagnies de chasseurs s'élancent hors de la parallèle, et se précipitent sur les embuscades qu'elles enveloppent de leurs lignes de tirailleurs. Surpris par la rapidité de l'attaque, les Russes les évacuent en laissant le sol couvert çà et là de quelques cadavres, et rentrent dans la redoute. Déjà les deux capitaines de voltigeurs, MM. Mainvielle et Grenier, sont tombés blessés, au même instant la terre est labourée par les projectiles de toutes les batteries ennemies auxquelles l'apparition de nos voltigeurs a donné l'éveil. Les boulets de Malakoff, du Petit Redan prennent en flanc le ravin que nous allons franchir; les ouvrages blancs tirent à mitraille, les batteries de l'autre côté de la rade, criblent de boulets le terrain devant nous.

C'est sous cette pluie de fer et de feu que nos deux bataillons sortent de la parallèle pour se former en colonnes par division. Le deuxième bataillon, colonel Danner en tête, s'est élancé le premier, il se dirige droit vers le ravin.

Le premier bataillon, conduit par le général de Failly et le lieutenant-colonel Paulze, est sorti à son tour, nous évitons le ravin appuyant à droite.

Derrière nous déjà le sol est jonché des nôtres. A moitié route, le général de Failly, à nos côtés, ordonne une halte de quelques secondes afin de nous reformer. A peine les deux premières compagnies sont-elles en masse compacte, qu'il les lance sur la redoute.

Pas un homme n'a bronché sous une grêle effroyable qui moissonne nos rangs, nous arrivons au fossé aux cris de : *Vive l'Empereur !* D'un saut nous sommes au pied du parapet, et là, quelques instants à l'abri des boulets; la mitraille que vomissent les embrasures béantes au-dessus de nous passe par-dessus nos têtes. Le second bataillon, qui a dû traverser le ravin, est à gauche à notre hauteur.

Le fossé est creusé dans le roc, nous sommes accueillis par une mousqueterie à bout portant; l'ennemi, qui fait arme de tout, fait pleuvoir des pavés sur nos têtes.

Le parapet a quatre mètres de hauteur, il est escarpé, et nous n'avons pas d'échelles, mais l'élan est irrésistible : hissés les uns sur les autres, nous le gravissons, et l'avalanche furieuse, brisant sur le parapet la résistance de l'ennemi, est désormais mêlée aux défenseurs de la redoute. De tous côtés nos têtes de colonnes ont franchi l'obstacle.

Ici nous renonçons à décrire..... C'est une scène de carnage et de mort! nos soldats, ivres de fureur et d'audace, ont cloué les artilleurs russes sur leurs affûts; les quelques centaines de fantassins qui nous ont attendus sont massacrés, non sans se défendre avec l'acharnement du désespoir ....

Vaste hexagone, la redoute est fermée; un pont, du côté qui regarde la baie, permet d'entrer et de sortir à volonté, les compagnies de gauche du second bataillon ont tourné l'ouvrage, toute résistance est impossible, les quelques Russes qui sont parvenus à s'échapper s'écoulent au-delà du pont et descendent en courant en désordre vers la baie du Carénage.

A ce moment nos pertes sont déjà cruelles; en arrivant au parapet le commandant Tigé a été mortellement atteint d'une balle au ventre. Le commandant Lecomte, du deuxième bataillon, est tombé blessé gravement. Le capitaine Picard, le sous-lieutenant Cordier, sont frappés à mort pendant la course. Le capitaine Chauveau, en s'élançant un des premiers sur le parapet, est tué à bout portant d'une balle au front, il est tombé à la renverse dans le fossé.

Les abords de la redoute sont couverts de nos morts et de nos blessés, le sol en est semé derrière nous jusqu'à la parallèle. Dans la redoute même les cadavres russes sont amoncelés pêle-mêle avec les nôtres.

A notre droite, la brigade Lavarande a enlevé Séleginsk, à 500 mètres devant nous la batterie du 2 mai continue son feu; entraînés par une ardeur indicible, nous nous précipitons sur elle à la suite des Russes en déroute: la lutte se renouvelle quelques instants sur son parapet; tourné à gauche et à droite, l'ennemi l'évacue et notre camarade, le lieutenant Barthès, a, de sa main, encloué les pièces.

Il est 7 heures, on s'occupe activement de gabionner la batterie du côté de la baie; le but du général en chef est atteint, mais la furie française n'est pas satisfaite; la soirée est superbe, il nous reste une heure de jour. Là-bas, de l'autre côté du ravin, nous voyons la division Camou, maîtresse du *Mamelon vert* qu'elle vient d'enlever, courir sur *Malakoff*.

Nos soldats, entraînés par l'exemple, crient « en avant », descendent au pas de course les pentes du Mont Sapoun, du côté de la baie que l'ennemi traverse sur le pont tournant ou en se jetant à l'eau.

Le 2me bataillon du 97me a traversé le ravin du Carénage et coupé la retraite au plus grand nombre des fuyards. 400 prisonniers sont le résultat de cette manœuvre hardie.

Le général Mayran, le général de Failly se sont portés à la batterie du 2 mai pour régulariser le mouvement et parer aux désordres, suite inévitable de l'entraînement des soldats. C'est à ce moment et autour de nos généraux que nos pertes sont les plus sérieuses : deux frégates à vapeur, mouillées à l'entrée de la baie du Carénage, nous écrasent de mitraille à courte portée, le *Redan*, *Malakoff*, la batterie de l'*Eperon*, etc., continuent leur feu destructeur. Le général Mayran domine le tumulte, sa haute stature et sa voix retentissante groupent autour de lui tous les officiers « Cette pointe est imprudente », nous dit-il, « je vais faire sonner la retraite ».

Pour la protéger, le colonel Danner doit défendre la batterie du 2 mai, au moment où il s'occupe de former autour de lui quelques compagnies, il tombe renversé par un boulet qui le frappe au pied.

De l'autre côté du ravin, massée derrière Malakoff, une épaisse colonne russe s'ébranle et commence à descendre les pentes opposées; elle est précédée de batteries de campagne, qui la protègent de leurs feux. Si le retour offensif de l'ennemi nous surprend en désordre, nous risquons d'être ramenés au delà des ouvrages conquis.

Nos soldats éparpillés reviennent au rappel du clairon, et remontent les pentes du Sapoun, les Russes à leur suite. Le général de Failly est debout sur l'épaulement de la batterie du 2 mai. Jamais, un jour de parade, ses ordres n'ont été donnés avec plus de précision et de sang-froid; lui aussi a dans son courage calme un talisman contre les balles et les boulets qui, depuis deux heures, pleuvent autour de lui, frappent au hasard et le respectent. Son officier d'ordonnance, le lieutenant Harrent, a été mortellement blessé.

Le retour de nos soldats dans la redoute s'opère en désordre; groupés autour du général de Failly, nous voyons une colonne noire gravir les hauteurs du Sapoun; le général la prend pour les nôtres en retraite et nous crie : « Ne tirez pas, ce sont des Français ». L'erreur n'est pas longue. A dix pas de nous, dans la nuit qui est déjà sombre, nous reconnaissons les casquettes plates des Russes. Les quelques hommes qui entourent le général ne peuvent que se retirer. Le général quitte le dernier la batterie, et nous rentrons dans la redoute Volhynie après avoir essuyé la fusillade des Russes qui tirent au hasard.

Le combat dont le plateau du Carénage vient d'être le théâtre, n'est qu'un brillant épisode de la journée. Notre régiment y a pris une part si glorieuse, que le lecteur nous pardonnera les détails un peu multipliés dans lesquels nous sommes entrés. Nous nous étendons avec complaisance sur ces souvenirs de scènes émouvantes auxquelles il faudrait un peintre plus habile, une plume plus exercée. Nous avons toutefois la consolation de penser que si la forme manque à notre récit, nul ne pourra nous contester l'exactitude et la vérité dans le tableau de ces événements qu'on a pu voir mieux que nous, mais que nul à coup sûr n'a vu plus près.

L'enlèvement du Mamelon vert par la division Camou

LE MAMELON VERT

est un de ces faits d'armes immortels qui ne le cèdent à aucun de ceux dont nos annales militaires sont remplis.

La brigade Wimpfen (1), 50e de ligne et 3e zouaves, aborde le Mamelon vert avec une audace inouïe. La colline est gravie par nos colonnes sous une grêle de mitraille; nos premiers rangs sont broyés et détruits par une énergique résistance.

Le colonel de Brancion (2), du 50e, arrivé un des premiers sur le parapet, est mort glorieusement. Ses soldats ont noblement vengé leur chef. Partout la résistance de l'ennemi est brisée par l'effort de nos colonnes qui, elles aussi, dans leur impétueuse témérité courent à Malakoff aux cris de : vive l'empereur !

Mais là une pluie de fer les arrête, et les réserves russes massées en ordre derrière les parapets, s'élancent à leur tour; nos soldats, éparpillés et désunis par l'entraînement de leur courage, ne peuvent soutenir le choc de cette masse imposante.

Le Mamelon vert, qu'ils viennent d'enlever, est dépassé dans leur retraite et de nouveau occupé par l'ennemi.

Mais, à ce moment suprême, l'habileté du général Bosquet a mesuré le danger. La 2e brigade de la division Camou a reçu l'ordre de s'élancer à son tour, en ralliant la 1re, et de se maintenir à tout prix dans l'ouvrage.

Le 50e, les tirailleurs algériens, les zouaves, se sont reformés promptement; la brigade Vergé est sortie des parallèles, la pente du Mamelon vert est gravie par la

(1) Wimpfen, né à Laon en 1811, était capitaine en 1840, et colonel en 1853; envoyé en Crimée, il y devint général de brigade en 1855. Pendant la campagne d'Italie, il fut fait général de division; en 1870, il fut appelé le 28 août à commander le 12e corps, et il assista à la bataille de Sedan du 31. Le lendemain, ayant appris la blessure du maréchal Mac-Mahon, il produisit une lettre du ministre de la guerre qui lui donnait le commandement en chef; il arrêta de suite le mouvement de retraite ordonné par Ducrot, et fut cause du désastre de Sedan. A son retour d'Allemagne, il rentra dans la vie privée, et mourut en 1884.

(2) Brancion (de), né en 1803, sous-lieutenant en 1821, était capitaine en 1833 et colonel en 1854, après avoir passé plusieurs années en Afrique. Il commandait le 50e de ligne en Crimée, quand il fut tué à l'attaque du Mamelon vert, 7 juin 1855.

division entière; la colonne russe, culbutée à la baïonnette, rentre dans Malakoff; nous restons définitivement maîtres de la position.

A l'extrême gauche de Victoria, l'ouvrage des Carrières a été enlevé par une division anglaise.

C'est donc une victoire complète sur tout le front d'attaque du siège de droite; nous l'avons payée d'un sang précieux, mais en ce moment l'ivresse du triomphe nous en fait oublier le prix.

Les deux divisions Camou et Mayran, anciennes divisions Bosquet et Napoléon, ont eu les honneurs de la journée; toutes deux depuis plus d'un an ont noblement payé leur dette de fatigues et de sang. On comprend que le général en chef, préoccupé avant tout d'arriver à son but qui est de vaincre, a dû choisir, pour une attaque de cette importance, des corps depuis longtemps éprouvés, du milieu desquels ont disparu tous les éléments qui les affaiblissent, où chaque homme en un mot est arrivé graduellement à cette énergie morale qui permet de tout oser et de tout faire. Les divisions dont nous venons de parler furent bravement secondées au Carénage par le bataillon des gendarmes de la garde et une brigade de la division Dulac; au Mamelon Vert par la division Brunet.

Rentrée dans la redoute Volhynie, la brigade de Failly, son intrépide chef au milieu d'elle, garde sa conquête; le 10e léger, une partie du 17e bataillon de chasseurs est avec nous. Vers 10 heures l'ennemi semble s'ébranler, mais nous sommes sur nos gardes; une colonne russe dépasse la batterie du 2 mai et s'avance sur nous en silence, reçue par une fusillade terrible, elle s'arrête à moitié chemin et retourne à son point de départ.

La nuit s'écoule calme, elle n'est troublée que par les gémissements des blessés russes et français étendus au milieu de nous; des cadavres amoncelés nous servent d'oreillers. On s'occupe de relier la redoute au ravin par une tranchée, deux bataillons turcs sont employés à ces travaux.

Les pertes du 95e sont hélas ! en proportion de la part qu'il a prise à cette journée glorieuse. Cinq de nos camarades ont été tués.

Le commandant Tigé, du 1er bataillon; les capitaines Picard et Chaveau ; le lieutenant Oler ; le sous-lieutenant Cordier. Parmi les blessés grièvement nous comptons : le colonel Danner; le commandant Lecomte; les capitaines Mainvielle, Grenier ; les lieutenants Jacqueminot, Leandri, Depierre, Marchioni, Combes. Blessés légèrement : le capitaine Gendre ; le lieutenant Schwartz ; les sous-lieutenants Artus, Didier, Quarante.

300 sous-officiers et soldats hors de combat ; perte considérable si l'on songe à la faiblesse de notre effectif, qui s'élevait à peine, le matin, à 1.100 baïonnettes ; les pertes du 97e ont été un peu moins fortes; la 1re brigade a cruellement souffert, ses pertes dépassent les nôtres.

Entassés dans la redoute Volhynie, nous nous attendons au point du jour à voir nos rangs labourés de nouveau par toutes les batteries qui nous enveloppent. Nos soldats sont les uns debout contre le parapet, les autres assis ou couchés pêle-mêle avec les cadavres. L'officier d'artillerie qui commandait la redoute est étendu la cuisse fracassée, sa tête repose sur le cadavre de notre camarade Picard ; un soldat russe, son domestique, ne l'a pas quitté, de temps en temps il lui porte de l'eau pour étancher la soif d'une fièvre brûlante, il l'entoure de soins dévoués.

A l'aube, les projectiles ennemis commencent à pleuvoir sur nous, les faibles parapets, les réduits casematés, à moitié détruits, ne sont que des abris insuffisants. Bientôt la chaleur est accablante, nous sommes aveuglés par une poussière blanchâtre que soulève une légère brise de mer, l'immobilité à laquelle nous condamne l'entassement est un autre supplice.

En fouillant l'un de ces réduits dont sont parsemées les redoutes russes nous retirons une masse de cadavres qui sont là, depuis plusieurs jours, et, cachés derrière, une vingtaine de soldats russes vivants, qui la veille se sont réfugiés là pendant la prise de la redoute.

Le feu de l'ennemi nous fait de nombreuses victimes, la tranchée, que l'on a ébauchée pendant la nuit, est la seule route par laquelle on puisse évacuer les blessés. La conservation des ouvrages après le combat et pendant que les officiers du génie et les travailleurs les transforment et les retournent, est une opération toujours difficile, mais il vaut mieux en confier la garde à une troupe brave et peu nombreuse, qu'à plusieurs corps qui manquent d'espace et de liberté dans leurs mouvements, et rendent, par leur encombrement, le tir de l'ennemi plus meurtrier.

Dans la matinée du 8, les Russes ont évacué la batterie du 2 mai, en emmenant leurs pièces qu'ils ont précipitées dans la baie. Ils détruisent en se retirant le pont de bois qui traverse cette baie.

Dans la nuit du 8 au 9, la tranchée est perfectionnée et l'on commence les travaux qui doivent changer la redoute en une batterie formidable ; nos avant-postes sont à la batterie du 2 mai.

Le 9 au matin, le même feu que la veille continue au milieu de nous les mêmes ravages ; nous avons vu, de nos yeux, quatorze hommes du 97e broyés par le même boulet et plusieurs blessés. C'est le plus grand nombre de victimes que nous ayons vu faire par le même projectile ; on fut obligé d'enterrer sur place tous ces restes sanglants.

L'abandon de la batterie du 2 mai nous rendait maîtres de toute la rive droite de la baie du Carénage. Du sommet du Sapoun nos canons allaient, désormais, rendre inhabitable aux vaisseaux russes toute la partie intérieure de la baie de Sébastopol.

Dans la redoute Séleginsk, la brigade Lavarande souffrait aussi du feu de l'ennemi, son jeune et brillant général eut la tête emportée par un éclat d'obus dans la matinée du 8.

Le 9, les redoutes furent évacuées par la plus grande partie des troupes, le 95e resta seul à la garde de Volhynie.

PENDANT L'ARMISTICE

A midi, une suspension d'armes, arrêtée entre les généraux en chef, pour enterrer les morts, nous donne quelques heures de répit. Aussitôt que le drapeau blanc paraît sur les redoutes françaises et russes, le feu cesse sur toute la ligne. Nous sortons des ouvrages, et nous pouvons enfin respirer sur ce terrain où, depuis trois jours, il n'a cessé de pleuvoir du fer. Les conditions et les détails de l'armistice sont réglés entre un général russe et le général de Failly, qui se rencontrent au bout de l'aqueduc qui traverse le ravin.

Des travailleurs armés de pioches procèdent à la funèbre corvée : on trouva des cadavres français depuis nos parallèles jusqu'au bord de la baie du Carénage, où notre témérité nous avait entraînés. Bientôt les soldats russes se mêlent aux nôtres; ils cherchent les corps de leurs officiers pour les emporter de l'autre côté du ravin et y creuser leurs tombes. Ces hommes qui depuis si longtemps sont occupés à s'entre-détruire, échangent des poignées de mains cordiales et de bienveillantes paroles : *Bono Français ! Bono Moscow !*

Les officiers nous parurent plus réservés, ils semblaient craindre pour leurs soldats le contact des nôtres. Nous avons vu un officier russe à cheval faire un signe impérieux de rentrer à quelques soldats qui avaient dépassé le cordon de leurs sentinelles.

A 6 heures, de part et d'autre, les pavillons blancs sont amenés et demi-heure après le feu recommence. La nuit du 9 au 10 s'écoule sans incident nouveau. Une grande partie du régiment la passa dans les fossés des redoutes, et le 10, à midi, relevés par le 97e, nous rentrons au camp, harassés de fatigue et morts de faim. Depuis 72 heures, Dieu sait comment nous avions vécu, nos cuisiniers et nos ordonnances avaient, par une fatalité étrange, été presque tous blessés ou tués. Le camp de la division ressemble à un vaste hôpital : les blessés qui n'ont pu trouver accès dans les ambulances encombrées, sont momentanément restés sous leurs tentes, où ils sont soignés par les chirurgiens des corps.

Aussitôt qu'un repas plus confortable a réparé nos forces, nous courons visiter nos amis blessés. Les morts pendant notre absence ont été enterrés, l'aumônier de la division avait accompagné leurs cercueils et prononcé sur leurs tombes les dernières prières.

La mort de vingt officiers, c'est-à-dire de presque la moitié des présents au corps, nous remplissait l'âme d'une tristesse indicible.

Depuis le commencement de la campagne, le 95e et le 97e avaient simplement mais noblement fait leur devoir; leur conduite dans la journée du 9 juin leur mérita, dans le rapport du général en chef, une mention spécialement élogieuse. *L'intrépide* brigade de Failly, c'est le terme du rapport, fut oubliée dans les récompenses, le 95e ne reçut qu'une croix d'officier pour le colonel Danner, et une croix de chevalier pour le sergent Rivière; nous eûmes plusieurs citations à l'ordre de l'armée, parmi lesquels MM. Danner, colonel; Tigé, chef de bataillon; Schwartz, lieutenant.

CHAPITRE IX

DIX-HUIT JUIN

ERS le 12 juin, la tranchée qui, du ravin du Carénage, conduit à la redoute Volhynie, était complètement terminée ; l'artillerie a commencé, sur l'emplacement même de la redoute, la construction d'une batterie. Une tranchée est creusée en avant, tous les jours un bataillon de notre brigade vient y monter la garde.

En ouvrant cette tranchée, la pioche de nos travailleurs avait mis à nu un grand nombre de cadavres russes enterrés le 9 ; on a dû les rejeter au delà des gabions et les recouvrir. Ce hideux spectacle s'est renouvelé souvent.

Le bataillon de garde occupe dans la journée l'ancien fossé de la redoute ; la nuit une compagnie d'élite est détachée à la batterie du 2 mai ; de petits postes de chasseurs sont semés à droite et à gauche, ils s'avancent toutes les nuits et bientôt une embuscade française est logée à l'entrée de l'aqueduc, à 50 mètres d'une embuscade russe qui en occupe l'autre extrémité.

La prise du Mamelon Vert nous a rendu maîtres de toute la partie du ravin du Carénage qu'il couvrait de ses feux ; un bataillon de la garde est en réserve dans le ravin même, qui devient la route habituelle où se croisent incessamment les travailleurs qui vont et viennent par milliers. Arrivées à l'endroit où elles se chargent de leurs outils, les corvées se séparent pour aller les unes à gauche devant Malakoff, les autres à droite, aux tranchées du mont Sapoun.

Les chaleurs sont devenues accablantes, nos gardes du jour sont pénibles : les soldats y portent leurs petites tentes pour se garantir des rayons du soleil ; la fraîcheur bienfaisante des nuits nous repose des travaux du jour.

Le plateau d'Inkermann se couvre tous les jours de nouvelles troupes. La division d'Aurelles, nouvellement arrivée, vient camper derrière nous ; plus loin une partie de la garde impériale dresse ses tentes.

Nous profitons de longues journées pour courir un peu les camps et visiter les ambulances. La grande chaleur est une complication bien grande pour nos pauvres camarades, les infirmiers qui les entourent ont peine à chasser les mouches qui ne leur laissent pas un instant de répit. Dès qu'ils peuvent supporter la traversée, on les conduit à Kamiesch, pour les évacuer sur Constantinople ; c'est au champ du repos voisin de l'ambulance qu'on les emporte aussi bien souvent, l'aumônier presque toujours accompagne leurs simples convois, et de modestes croix de bois marquent leurs tombes.

Une première distribution des dons nationaux est faite ; nous avons reçu : pour les soldats, du vin, des conserves de légumes, des pipes, du tabac, etc. ; pour les officiers, des bouteilles de liqueurs. Ces dons, destinés pour des temps plus durs, nous arrivent lorsque l'abondance règne dans nos camps ; ils n'en sont pas moins les bienvenus. Un des premiers actes de l'administration du général Pélissier a été de nous allouer, par officier et par jour, un litre de vin remboursable ; cette excellente mesure nous permet d'avoir continuellement du vin à un prix modéré ; quant à la viande fraîche et au pain, des distributions régulières sont faites tous les jours.

Les rives de la Tchernaïa sont fraîches et verdoyantes,

et les monts Féduchènes, couverts de bosquets touffus, au milieu desquels se perdent gracieusement les tentes blanches des divisions qui les occupent. Au-dessous du pont de Tractir l'eau est profonde et la rivière plus large, c'est le rendez-vous des baigneurs : nous nous plongeons avec volupté dans cette eau limpide ; nos corps avaient grand besoin de cette ablution bienfaisante.

Le succès de la journée du 7 juin a modifié l'opinion de l'armée sur l'issue de la lutte. Avant ce résultat décisif, nul ne pouvait prévoir quelle serait la fin de ce siège où la défense pouvait à volonté se ravitailler, renouveler ses troupes fatiguées par des troupes fraîches, et avec son armée d'observation, grossie tous les jours de nouveaux renforts, nous tenir nous-mêmes assiégés dans nos lignes. Désormais nous avons fait l'épreuve de la puissance irrésistible que la furie de nos soldats doit donner aux assauts, mais à quel prix hélas ! S'il faut, ainsi que tout semble l'indiquer, enlever un à un et successivement tous les ouvrages de l'ennemi, il nous reste bien peu de chances de revenir vivants de cette campagne.

Le colonel Danner, blessé, est resté sous sa tente ; en attendant qu'il puisse reprendre le commandement actif, le lieutenant-colonel Paulze le remplace. Les deux bataillons sont commandés par les capitaines Benoist et Lemoine : rompus au service du siège qu'ils n'ont pas quitté depuis le début, ils s'en acquittent à merveille (1).

Les tranchées russes du Mamelon Vert ont été retournées et une magnifique batterie s'élève sur ce point. A l'extrémité de la baie du Carénage, les batteries noires, c'est-à-dire le Petit Redan, la Maison en Croix, sont incessamment battues par nos batteries du Carénage ; la batterie Volhynie a été promptement construite et d'une manière formidable.

(1) Le capitaine Aubry, des grenadiers du 2e bataillon, a été depuis quelques jours nommé chef de bataillon. Le 17 juin, M. Giacobbi, nouvellement promu commandant, vient se mettre à la tête du 7e bataillon. (*Note de l'auteur.*)

Un ordre du général Mayran nous annonce l'assaut du 18 juin. Le rôle de sa division était tracé d'avance par la position qu'elle occupait depuis le 7 : quoique réduite à un effectif de trois à quatre mille hommes et privée de la moitié de ses officiers, l'honneur d'enlever les batteries noires lui était dévolu.

Le 15 le général Bosquet avait, par ordre du général en chef, pris le commandement du corps de la Tchernaïa, le général Regnault de Saint-Jean-d'Angély le remplaçait dans le commandement des divisions qui devaient donner le 18 juin.

Cette mesure fut sur-le-champ jugée funeste ; le terrain sur lequel nous devions agir était depuis longtemps familier au général Bosquet ; la direction habile qu'il avait su donner à ses troupes à l'assaut du 7 juin, avait encore accru, s'il est possible, la confiance qu'on avait en lui. Aucune considération ne devait, ce nous semble, à la veille d'une attaque aussi importante, nous enlever le général auquel l'armée devait ses plus beaux succès, pour le remplacer par un général nouveau venu à l'armée d'Orient et ne connaissant par le terrain sur lequel nous allions combattre.

Les troupes accueillirent froidement l'avis du nouvel assaut ; personne ne l'attendait sitôt ; la division Mayran, si rudement meurtrie le 7 juin, trouvait bien difficile la tâche qu'on lui donnait. Les ouvrages à enlever étaient loin des tranchées, il fallait marcher longtemps à découvert, en gravissant une pente escarpée, pour arriver du fond du ravin du Carénage au fossé des ouvrages ; on devait prévoir que les colonnes seraient à moitié détruites par la mitraille avant d'arriver au but.

Le 17, dans la soirée, une réunion des officiers supérieurs et des commandants de compagnies d'élite eut lieu chez le général de Failly. Comme la veille du 7 juin, il nous expliqua le rôle de sa brigade pour l'action du lendemain.

Nous devions enlever le Petit Redan, pendant que notre 1re brigade attaquerait la batterie de l'Eperon. Le Petit Redan est relié à Malakoff par une tranchée. Cette fois le

97me devait marcher le premier, le 95me lui servait de réserve. Un bataillon du 4me de marine était adjoint à notre brigade.

Malgré la certitude que peu d'entre nous reviendraient entiers le lendemain, la réunion chez le général ne fut pas triste : la position du petit Redan fut expliquée; le colonel Malher et le lieutenant-colonel Larroug d'Orion avaient la direction des têtes de colonnes. Une compagnie du 97me devait porter de longues échelles.

L'attaque de Malakoff était confiée aux divisions Brunet à droite, d'Autemarre à gauche. Les Anglais devaient devant eux enlever le Grand Redan.

Pendant toute la journée du 17, le feu de nos batteries a redoublé, l'ennemi ne répond que mollement. Ce silence nous est suspect : il réserve ses feux et repose ses soldats pour le moment décisif, que peut-être il prévoit.

A 8 heures du soir, la division prend les armes et se réunit à son emplacement habituel. Nous partons en silence et nous descendons le long du ravin du Carénage. Après une marche pénible d'une heure et demie, nous faisons halte presque à l'extrémité du ravin, au delà des fours à chaux.

Le Petit Redan est à notre gauche ; une route qui descend de Malakoff passe à quelque cent mètres du Redan et traverse diagonalement le ravin : c'est au-dessous de cette route, dans de hautes herbes qui croissent sur la pente escarpée, que vont s'embusquer les 1.600 hommes de la brigade de Failly.

Le 2me bataillon du 95me est depuis le matin de garde à Volhynie, il ne doit donner qu'au dernier moment, sous les ordres du capitaine Morand. La première brigade va plus en avant se masser en face de la batterie de l'Eperon.

Pendant toute la nuit, nos batteries du Carénage font un feu terrible sur les ouvrages russes; beaucoup d'obus français éclatent en passant au-dessus de nos têtes. L'ennemi ne répond pas un coup de canon. Il est évident pour nous que la marche de nos colonnes n'a pu lui être dérobée, et qu'au lieu de perdre son temps dans une canonnade inutile, il répare ses parapets, rassemble ses troupes derrière ses retranchements, en un mot, prépare une défense vigoureuse.

Pour les officiers, la nuit est triste et longue ; nous n'échangeons que quelques paroles avec nos camarades qui tous ont mesuré la gravité de la situation. Nos soldats dorment presque tous, aussi tranquilles que sous leurs tentes.

A la pointe du jour, nous nous formons sur la route même ; à cent mètres au-dessus le 97e se porte derrière une gabionnade élevée depuis peu par les Français. A trois cents mètres plus loin, et toujours en montant, les batteries du Redan nous sont un peu dérobées par un pli du terrain ; l'accès de l'ouvrage est défendu par une rangée de trous de loups. Le 2e bataillon du 95e a reçu l'ordre de descendre de Volhynie pour revenir nous rejoindre.

Le général Mayran, impatient, et qui compte les instants, a cru voir le signal ; il a pris la trace lumineuse d'une bombe pour la fusée volante qui doit sonner l'heure de l'attaque. Il est venu s'établir derrière la gabionnade et, malgré l'avis de ceux qui l'entourent, qui ne partagent pas son erreur, il a donné l'ordre au 97e et au bataillon de marine de se porter en avant. Le 95e se porte à la gabionnade.

Le 97e s'élance et commence à gravir la pente qui le sépare du Redan ; mais à peine aperçus, nos braves solpats sont accueillis par une pluie de mitraille et de balles ; les parapets ennemis sont couverts de défenseurs qui nous attaquent bravement.

La tête de colonne, broyée par ce feu terrible, est arrêtée dans sa marche, et au lieu d'une avalanche de baïonnettes se précipitant sur lui, l'ennemi n'a plus à répondre qu'au feu de mousqueterie, que le 97e et le bataillon de marine, sans reculer d'un pas, viennent d'engager.

Au milieu de nous, derrière la gabionnade, le général Mayran s'écrie que tout va bien ; mais bientôt le bruit de la fusillade du 97e est pour nous un signe certain que notre colonne est arrêtée. Le général Mayran reconnaît vite son erreur et se met en devoir de nous lancer au secours de notre avant-garde. A ce moment il est frappé d'un biscaïen au bras, les officiers qui l'entourent l'engagent à se retirer, le général de Failly va prendre le commandement de la division ; le général Mayran refuse de quitter son poste, et dominant, héroïque, la douleur de son bras fracassé, il s'écrie d'une voix forte et perçante : « Le 95e en avant ! »

Le lieutenant-colonel Paulze d'Ivoie et le commandant Giacobbi escaladent le parapet ; ils sont suivis par la compagnie de grenadiers et le reste du bataillon ; à peine avons-nous fait cent pas que notre brave colonel tombe à nos côtés, frappé d'une balle au cou. Le bataillon continue sa marche et en quelques instants nous sommes à la hauteur du 97e.

Il est trois heures; c'est avec peine si, au milieu du léger brouillard du matin, nous apercevons le parapet du Redan. Nos rangs s'éclaircissent, labourés par la mitraille. Les officiers, le képi au bout de leurs sabres, donnent l'exemple. Les cris « En avant » sortent de toutes les poitrines, et nos trois bataillons, déjà bien réduits, reprennent leur marche, en jonchant le sol des leurs.

Sur les parapets, les soldats russes, formés en lignes épaisses, semblent nous appeler ; nos efforts pour contenir nos compagnies formées, sous ce feu terrible, sont impuissants, la colonne s'arrête une seconde fois.

Une heure s'est écoulée, les fusées à étoiles qui devaient servir de signal partent de *Victoria;* nous étions écrasés déjà à l'heure où nous devions partir.

A notre gauche, les troupes de la division Brunet, qui devaient enlever la tranchée qui relie le *Redan* à *Malakoff* arrivent à nos côtés ; leur présence est pour nous le signal d'un effort suprême. Héroïsme inutile, les frégates à vapeur sont venues se placer sur le flanc droit de nos bataillons, et les batteries de l'autre côté de la rade ont ouvert un feu de deux rangs : mitraillés en face, labourés sur nos flancs et nos derrières par les obus des frégates, avancer est impossible. Toutefois personne ne recule, et peut-être n'y a-t-il pas d'exemple, dans nos longues guerres, d'une troupe assistant, sans se débander et froidement, pendant plusieurs heures, à sa propre destruction.

Un régiment de voltigeurs de la garde, en réserve derrière nous, vient d'arriver aux cris de *vive l'empereur !* Chaque soldat a son bonnet de police au bout de sa baïonnette ; nos intrépides soldats de la brigade accueillent leurs camarades aux cris de *vive la garde !* Mais, décimés comme nous par les projectiles ennemis, les voltigeurs s'arrêtent, et leur chef, voyant que ce serait folie de vouloir continuer cette marche, fait faire demi-tour à ses hommes et va reprendre son poste de réserve.

Nous restons seuls. Le colonel Malher, les lieutenants-colonels Larroug-d'Orion, Paulze et Cendrecourt, de l'infanterie de marine, le commandant Boisselier, sont tombés grièvement blessés ; le commandant Giacobbi, de notre bataillon, reste seul debout des officiers supérieurs présents ; il est là, impassible, attendant un ordre pour retirer les restes de la brigade de cette horrible scène d'un massacre désormais inutile ; tous les messagers qu'il a successivement envoyés à la gabionnade où sont restés nos généraux, sont tombés avant d'y arriver.

Derrière cette gabionnade, il s'est passé aussi des scènes de douleur et de sang, notre second bataillon y a perdu l'élite de son monde ; le général Mayran vient d'être emporté frappé à mort.

Le général de Failly fait enfin dire au commandant Giacobbi de battre en retraite (1) en emportant le plus de blessés possible. Depuis longtemps notre feu a cessé, nous sommes là immobiles, attendant le coup qui va nous frapper : le feu des frégates à vapeur est le plus meurtrier, il nous arrive de bas en haut.

(1) Le jeune sergent Coig a bravé mille morts pour aller chercher cet ordre de la retraite et nous le rapporter.

Enfin l'ordre arrive, nos soldats s'écoulent, tous emportent des blessés sur les échelles destinées à l'assaut. Pour arriver au fond du ravin la route de la gabionnade est tellement balayée par les boulets, que personne ne songe à la reprendre, les officiers restent les derniers sur ce champ de mort, que nous quittons enfin ; le commandant Giacobbi ferme la marche.

Nos malheureux blessés laissés, en grand nombre, nous regardent partir avec désespoir et poussent des cris déchirants. C'est à la course que nous descendons, en ligne droite, cette pente couverte de morts et de mourants.

En arrivant au fond du Carénage, nous trouvons une partie de la garde avec ses généraux; nous apprenons l'insuccès de la journée; devant Malakoff, devant l'Eperon, devant le Grand Redan, nous avons échoué partout.

Il est 8 heures, le général de Failly est redescendu de la gabionnade, le commandant Besson, la canne à la main, a parcouru le champ de bataille; le colonel La Tour du Pin, volontaire, a été témoin de toute la lutte, mais est tellement sourd qu'il n'entend pas siffler les boulets.

A 10 heures nous rentrons au camp. Nous avons plus de trois cents hommes hors de combat, cinq officiers sont tués ou ne tardent pas à mourir de leurs blessures. Ce sont MM. Sallestradère, Allien, Guichard, Létiche et Adrian, tous jeunes et braves sous-lieutenants.

Parmi les blessés, le lieutenant-colonel Paulze d'Ivoie, les capitaines Gendre, Benoist, les lieutenants Mauchera de Longpré, Renaux, Schwartz pour la troisième fois, le sous-lieutenant Morand.

Si l'on songe que, depuis le 7 juin, nous n'avons pas 750 hommes sous les armes, que le tiers des officiers est à l'ambulance, on verra que cette proportion est énorme. Le 97me a encore plus souffert.

Ce n'est qu'au retour, que les détails des combats devant Malakoff nous arrivent; harassés de fatigue, douloureusement accablés du sentiment de notre échec, de la mort ou des blessures de nos camarades et de nos amis, nous ne donnons qu'une attention secondaire à ces récits ; néanmoins il ne nous est pas possible de les passer complètement sous silence.

Il y avait une heure que, devant les batteries noires, la division Mayran, lancée par son général, s'épuisait en efforts inutiles, quand les fusées de la batterie Lancastre donnèrent le signal convenu.

Les divisions d'Autemarre et Brunet sortent des tranchées, en formant leurs bataillons au delà du parapet ; le général Brunet tombe mort, frappé d'une balle en pleine poitrine ; l'ennemi, depuis longtemps prévenu, est partout en mesure et tous les efforts de nos soldats sont brisés par le feu de la place, qui a renversé la moitié des assaillants, avant que les têtes des colonnes aient atteint le fossé de Malakoff.

Quelques troupes des divisions d'Autemarre et Brunet eurent seules l'honneur de pénétrer dans l'enceinte.

Cette tête de colonne est isolée, l'échec du reste de la division Brunet à sa droite et celui des Anglais qui venaient de tenter inutilement l'assaut du Redan à sa gauche, la laissent seule en butte au retour offensif de l'ennemi qui a pu concentrer sur ce point des masses considérables ; nos soldats n'ont cédé le terrain qu'après un combat acharné à l'entrée des faubourgs.

Un instant le commandant en chef avait eu l'espoir que les troupes engagées dans l'enceinte pourraient, renforcées et soutenues, s'y maintenir et s'y loger. Mais l'armée anglaise a si cruellement souffert, qu'on ne peut songer à lui demander un nouvel effort. Les généraux Mayran et Brunet sont hors de combat, leurs divisions presque anéanties, les forces de l'ennemi se sont accrues de toute la grandeur de notre désastre; recommencer la lutte dans Malakoff dans ces conditions est impossible, l'ordre de la retraite est donné partout.

Les causes qui ont fait échouer le 18 juin et inscrit dans les annales cette date fatale en caractères sanglants sont

PARLEMENTAIRES

multiples. L'effet de nos batteries n'était pas encore suffisant; nulle part les défenses de l'ennemi ne présentaient de brèches assez praticables; mais la bravoure des soldats aurait peut-être surmonté cet obstacle si, par des circonstances indépendantes du général en chef, l'attaque prématurée de la division Mayran, sa destruction et la mort du général Brunet n'eussent décousu nos attaques et permis à l'armée russe de se reconnaître, de faire face à la division d'Autemarre qui seule avait percé sa ligne, et de l'écraser.

L'impression de douleur fut dans l'armée universelle et profonde, mais on peut affirmer hautement qu'elle ne prit chez personne le caractère du découragement; l'attitude calme et forte du général en chef, le retour du général Bosquet à l'armée de siège, l'influence de son caractère héroïque furent pour beaucoup dans le retour à la confiance.

Et, de fait, rien n'était compromis; le sacrifice sanglant de 3.000 braves soldats était douloureux sans doute; mais il n'y avait de perdu que des hommes, et l'armée était, depuis quelques semaines surtout, incessamment accrue par l'arrivée continuelle de nouvelles troupes.

Nons tenions toujours l'ennemi enserré dans le réseau de nos batteries, et l'impossibilité pour lui de briser cette ligne de fer et de feu qui l'étouffait n'était plus à démontrer; nous n'étions donc que tristes, nullement abattus. Si quelques correspondances sont venues à cette époque alarmer en France l'opinion si facile à se jeter de l'excès de la confiance à l'excès contraire, elles n'ont été l'expression que de sentiments isolés et surtout transitoires; dix jours après l'assaut du 18, personne n'aurait trouvé dans nos camps la trace des impressions qui les avaient dictées.

Le 19 juin, les débris du 1er bataillon sont de garde à la batterie Volhynie. En élevant la tête au-dessus des parapets, nous voyons le champ de bataille de la veille couvert encore des cadavres des nôtres, ils sont accumulés surtout aux abords du Petit Redan. Un pavillon parlementaire vient de paraître sur Malakoff, c'est une armistice de quelques heures pour enterrer les morts. Un cordon de sentinelles russes est venu se déployer le long de la pente, il nous est interdit de le franchir. Ce sont des soldats russes eux-mêmes qui nous apportent les corps de nos camarades. La chaleur les a déjà rendus méconnaissables. Cette tâche funèbre se prolonge jusqu'à six heures du soir. Ce jour-là les officiers russes ont l'air moins froids, ils ne peuvent s'empêcher de montrer sur leurs physionomies quelques traces de la satisfaction et de l'orgueil, au reste légitimes, que leur a causés le combat de la veille; il sera, Dieu merci, leur dernier, leur unique triomphe.

Le lendemain, nous assistons aux funérailles du général Mayran; un grand nombre des officiers généraux suivait le cortège. Sur la tombe du général et sur celle du colonel Laroug d'Orion le général Pélissier prononça quelques paroles, nous avons vu sur sa figure austère et bronzée les traces humides d'une émotion digne de notre respect.

Le 21 juin, les deux compagnies d'élite du 3e bataillon et son commandant arrivaient de France; les quelques officiers qui viennent nous rejoindre sont sous le coup d'une émotion douloureuse; partis de France depuis plus d'un mois, ils ignoraient les événements qui venaient de s'accomplir et, en traversant les camps, ils avaient eu la pensée d'entrer à l'ambulance de la division, où plus de vingt officiers du 95e gisaient blessés gravement.

Ce renfort de nos camarades nous fit du bien; les quelques officiers restés debout, outre qu'ils ne pouvaient suffire au service, formaient un groupe si peu nombreux, que l'âme en était involontairement attristée. L'ambulance, vidée en partie après le 7 juin, s'était encombrée de nouveau. Là expirent bientôt le colonel Malher du 97e, le colonel Cendrecourt de l'infanterie de marine et un grand nombre d'officiers subalternes.

Le général de Failly avait pris le commandement de la division, dont chaque régiment était réduit à quatre ou cinq cents hommes. Cet effectif ne fut augmenté que de cent cinquante hommes environ, par l'arrivée des compagnies d'élite du 3e bataillon.

Les travaux ont repris avec une vigueur uouvelle. Notre service continue comme par le passé, la batterie du 2 mai a été retournée contre l'ennemi ; elle est consolidée, blindée de toutes parts, et bientôt son feu forcera les vaisseaux russes à se réfugier au loin, vers la baie de la Quarantaine; on continue activement les cheminements devant Malakoff.

Le 3me bataillon est organisé dans tous les régiments en réduisant à six compagnies l'effectif de chacun. Le commandant Prévost, nouvellement arrivé, devient, en raison de son ancienneté, commandant de notre 1er bataillon.

Les zouaves du 2me régiment avaient depuis longtemps reconstruit leur théâtre : les représentations font fureur; les Anglais surtout arrivent en foule, ils rient d'autant plus qu'ils comprennent moins, et paient généreusement.

Le régiment d'infanterie de marine nous quitte pour aller tenir garnison à Yéni-Kalé; notre première brigade se trouve ainsi réduite au 19me chasseurs et au 2me zouaves.

Dans les premiers jours de juillet, le général Faucheux, nouvellement promu, remplace le général Mayran dans le commandement de la 3me division. Le 5 juillet, tous les officiers de sa division lui furent présentés en corps. Nos rangs avaient été éclaircis par le feu dans une proportion presque sans exemple, et c'est au prince Napoléon et au général Mayran, mort au champ d'honneur, que succédait notre nouveau général ; il y avait certes de quoi lui inspirer quelques nobles paroles de bienvenue. Nous n'entendîmes sortir de sa bouche qu'un reproche adressé à un de nos camarades sur le sans-façon de sa tenue; ce n'était cependant pas au coin du feu que notre ami avait terni le brillant de son uniforme.

En sortant de chez le général Faucheux, nous apprenons avec une satisfaction facile à comprendre que la division quitte le siège et va sur la Tchernaïa remplacer le général

Canrobert, qui de son côté vient nous relever devant la place.

Il y a neuf mois, jour par jour, que nous sommes au siège; nous avons monté 80 gardes de tranchée, assisté à 40 travaux de jour ou de nuit, vu disparaître par le feu de l'ennemi l'effectif presque entier du régiment; nous avons quelques droits au repos.

La division Canrobert, dont nous allons occuper le camp sur les monts Féduchènes, nous remplace: depuis son entrée en campagne elle a fait partie du corps d'observation; son effectif est superbe, elle va passer sous les ordres du général Mac-Mahon. Le général Canrobert est rappelé par la volonté de l'empereur.

CHAPITRE X

LA TCHERNAÏA — TRACTIR

Le 6 juillet au matin, notre première brigade plie ses tentes et s'achemine vers le nouveau campement; nous la suivons dans la soirée. En descendant des camps du moulin dans la vallée inférieure de la Tchernaïa, sur le bord d'un petit lac et du canal de dérivation qui conduit à Sébastopol l'eau de la rivière, une colline isolée surgit au milieu de la plaine et la divise en deux parties inégales. A droite c'est la plaine de Balaclava, champ de bataille du 25 octobre; à gauche c'est la vallée de la Tchernaïa. La colline elle-même est divisée en deux mamelons inégaux par un ravin profond dans lequel passe la route de Balaclava à Makensie. Ce sont les monts Féduchènes : leur versant sur la Tchernaïa est en pente douce, le canal court parallèlement à la rivière sur la rive gauche. Sur le versant opposé, que nous gravissons, nous laissons à gauche les tentes de la division Camou et nous venons camper presque au sommet du mamelon de gauche, un peu en avant de la division Herbillon (1).

(1) Herbillon, né en 1796, prit part aux dernières luttes de l'empire, devint chef de bataillon sous la Restauration; envoyé en Algérie en 1840, il se distingua aux affaires de Bar-l'Outah, d'Aïdounah,

Notre première brigade, 2me zouaves et 19me chasseurs, occupe le mamelon de droite.

En débouchant du ravin étroit qui sépare les deux mamelons, la route de Balaclava à Makensie franchit d'abord le canal sur un petit pont, puis la Tchernaïa elle-même sur un pont en pierre, de deux arches. C'est le pont de Tractir.

Au delà, sur la rive droite, s'étend la plaine verdoyante et semée de bouquets d'arbres ; la route la traverse en diagonale jusqu'au pied des rochers à pic qui bordent la plaine et sur le flanc desquels elle est creusée en zigzags : c'est la montée qui conduit à Makensie et que, l'année dernière, nous avons parcourue en sens inverse, en descendant du *camp de la soif*.

Devant nous la Tchernaïa coule limpide, elle baigne le pied des mamelons peu élevés où nous sommes ; à notre gauche et derrière nous la vallée est large de trois à quatre kilomètres, mais, sur notre droite, les derniers contreforts du Chouliou et les mamelons de Tchorgoun se rapprochent et resserrent les deux rives. Plus à droite encore, du côté de la Baïdar, le pays est montagneux, accidenté et facile à défendre.

Le général Faucheux se loge sur le mamelon de droite, derrière les chasseurs. Le général de Failly est, comme toujours, au milieu de nous.

Nous trouvons des gourbis de feuillage, que nous a laissés la division Canrobert ; le général Herbillon est derrière nous, sur la crête même du mamelon, un télégraphe qui correspond avec celui d'Inkermann est près de sa tente ; toutes les troupes de la Tchernaïa sont sous ses ordres.

Le pont de Tractir, centre de la position, est confié à la garde de la brigade de Failly ; — à droite est notre première brigade ; elle fournit les avant-postes qui en amont bordent la rivière ; à notre gauche, sur le prolongement des coteaux, la division Camou garde le cours inférieur.

au siège de Zaatcha. Général de division en 1851, il vint siéger, après la guerre de Crimée, au comité consultatif de l'infanterie, et mourut en 1866.

Au delà des zouaves, l'armée piémontaise garde l'extrême droite de la position, elle a ses avant-postes de l'autre côté de la rivière, dans de petites redoutes assises sur les derniers contreforts du Chouliou ; ses camps sont sur les hauteurs de la rive gauche.

Entre elle et nous, campe notre cavalerie, qui fournit chaque jour un escadron de grand'garde, dont un poste avancé s'installe au pied du Chouliou, dans une redoute abandonnée, et fait, pendant la nuit, des patrouilles dans la plaine et devant Tractir.

Toutes les 24 heures, la garde du pont est confiée à 150 hommes, logés dans une tête du pont qui débouche sur la rive droite, quelques masures au delà sont occupées par nos petits postes les plus avancés.

Notre nouveau séjour nous paraît un lieu de repos et de paix quand nous le comparons à celui que nous venons de quitter; nous n'avons plus que les échos du bruit de la canonnade, qui depuis neuf mois n'a pas cessé; nous pouvons dormir sans crainte d'être réveillés par la visite des projectiles ennemis. Bilboquet cependant, des hauteurs en face, nous envoie quelques boulets, mais à cette distance ils sont inoffensifs, on les voit venir et s'enterrer au pied des mamelons, il faudrait être malheureux pour se trouver sur leur route.

Ceux de nos soldats qui ne sont pas de garde fabriquent des fascines et des gabions; des corvées vont couper des baguettes dans les taillis situés au delà du pont de Kreutzen, sur la route de Baïdar. A l'allée et au retour, elles traversent le camp des Sardes et celui de notre cavalerie.

La petite armée sarde, qui est à nos côtés, nous semble nerveuse et bien équipée, les soldats sont agiles, intelligents et propres. Beaucoup d'entre eux, savoyards ou niçois, parlent le français ; comme tous les nouveaux venus, ils sont éprouvés par les maladies : le choléra les décime aussi bien que la division Herbillon, notre voisine. Chez nous, ces hôtes de mort sont inconnus, le bien-être est cependant général: la viande fraîche, le vin, les légumes, tout arrive ; les poissons succulents de la Tchernaïa, qu'un de nos amis pêche avec habileté, viennent souvent réjouir nos tables d'officiers.

La garde du pont a paru insuffisante au général de Failly ; tous les soirs, il envoie un de ses bataillons passer la nuit à quelque distance, au-dessus de la rivière ; ce bataillon ne rentre qu'à l'aube, quand le poste du pont lui a fait dire qu'il n'y a rien en vue.

Presque tous les jours, des Cosaques viennent en fourrageurs faucher l'herbe sur la rive droite, à quelques centaines de mètres de nos tirailleurs.

La vallée de Baïdar, dans le sud et au loin sur notre droite, est occupée depuis quelque temps par la division de cavalerie du général d'Allonville (1) et quelques bataillons d'infanterie, reliés par une division turque à la droite de l'armée piémontaise.

Le mois de juillet s'écoule ainsi ; pendant les grosses chaleurs du jour nous sommes réfugiés au fond de nos gourbis. Nous allons nous approvisionner à Balaclava, où l'industrie anglaise a installé ses machines à vapeur et ses ateliers ; un chemin de fer construit par nos alliés transporte, du port de Balaclava, leurs approvisionnements et leur matériel au milieu de leur camp et presque jusqu'à leurs batteries.

Devant la place, le canon gronde toujours, les travaux sont poussés avec une persistance et une énergie qui grandissent avec les difficultés. Les cheminements devant Malakoff sont à moins de 100 mètres des ouvrages ennemis.

On conçoit que nos pertes journalières deviennent de plus en plus considérables, à mesure que nos travaux s'exécutent plus près de l'ennemi ; mais le courage de nos sol-

(1) Allonville (d'), né en 1809 ; sous-lieutenant en 1828, il fit, en 1832, la campagne de Belgique, puis passa en Afrique, où nous le trouvons colonel au 5e hussards en 1847. Général de brigade en 1851, il coopéra au coup d'Etat. Pendant la campagne de Crimée, nommé général de division, il commanda la cavalerie de l'armée d'Orient ; il fut depuis mis à la tête de la cavalerie de l'armée de Paris. Il mourut en 1869.

dats, la patiente énergie de leurs chefs ne faiblissent pas, et l'on prévoit le jour prochain où, d'un bond, nos colonnes se jetteront dans Malakoff.

Le bruit d'une attaque sur nos lignes de la Tchernaïa, circule depuis longtemps dans nos camps. L'armée russe, campée sur les hauteurs de Makensie et du Chouliou, peut se concentrer à volonté et préparer son mouvement offensif, dont elle choisira le jour et l'heure.

Notre vigilance redouble ; le général de Failly visite chaque jour ses avant-postes.

Notre lieutenant-colonel, M. Paulze d'Ivoie, est nommé colonel au 97e ; M. Tixier, commandant du 3e chasseurs, le remplace, il est arrivé souffrant encore d'une blessure reçue au Mamelon vert. Le colonel Danner, à peu près remis de sa blessure du 7 juin, a repris depuis longtemps son service, son activité est incessante, et, quoi qu'il arrive, ce n'est certes pas lui qui sera surpris.

Le 15 août, nous célébrons gaiement la fête de l'empereur, La soirée fut joyeuse, quelques bouteilles de champagne achetées à Kamiesch, nous aidèrent à oublier nos misères passées, à fermer les yeux sur les places vides de nos camarades, et à nous bercer des douces espérances du retour. Il y eut fête dans tous les gourbis de la brigade, nous devions quelques heures plus tard nous réveiller au bruit du canon; il nous restait encore à inscrire sur le drapeau du 95e la plus brillante page de son histoire.

C'est un détachement de 150 hommes du 97e, sous les ordres du capitaine Morel, qui est de garde à la tête du pont. Le peloton de chasseurs d'Afrique, qui toutes les nuits vient veiller sur les derniers contreforts du Chouliou, a, comme de coutume, fait une reconnaissance dans la plaine. Le bataillon de piquet au-dessus de la rivière, est celui du commandant Giacobbi; cet officier supérieur rentre au camp, il n'apporte aucune nouvelle inquiétante, le poste du pont n'a rien fait dire.

A 4 heures, à peine sortis de nos tentes, pendant que nous demandons à quelques-uns de nos camarades du bataillon qui rentre comment leur nuit s'est passée, quelques coups de canon sur la droite, de l'autre côté de la Tchernaïa, nous font dresser l'oreille : c'est dans la direction des redoutes du Chouliou, occupées par les Piémontais; la fumée blanchâtre perce le brouillard; en quelques minutes cette canonnade augmente, le bruit de la mousqueterie ne tarde pas à s'y joindre; une attaque de l'ennemi sur les avant-postes sardes est évidente.

Il est jour à peine; des points culminants de notre mamelon, d'où, par un temps clair, on voit au loin la vallée, nous plongeons en vain des regards avides sur la prairie, elle est ensevelie dans une brume épaisse; il nous est impossible de rien découvrir.

Les clairons ont sonné la marche de la division, nos soldats se réveillent et courent aux faisceaux; en quelques instants notre petite brigade est sous les armes. Le général de Failly, le colonel Danner, debout depuis longtemps commencent à donner leurs ordres, une tentative de l'ennemi sur le pont de Tractir est imminente; cependant le poste du pont n'a pas encore averti, et c'est toujours à notre droite, devant les Sardes, que de minute en minute le feu devient plus vif, les coups de canon plus pressés.

Le général a prescrit au 1er bataillon du 95e, 160 hommes au plus, que conduit le commandant Prévost, de descendre du mamelon Féduchènes et d'aller rapidement se jeter en tirailleurs sur la rive droite, après avoir traversé la Tchernaïa au gué situé au-dessus du pont; embusqués derrière les broussailles qui bordent un fossé perpendiculaire à la rivière, nous devons de là inquiéter les têtes de colonnes russes.

Cet ordre est exécuté promptement, le général, suivi d'une section de l'artillerie de sa brigade, vient lui-même avec nous, il s'arrête à l'endroit même où le bataillon de piquet a passé la nuit; de ce contrefort avancé on distingue parfaitement tout ce qui se passe dans la vallée et le rideau de brouillard, qui se lève comme une toile de théâtre,

L'ARTILLERIE À LA TCHERNAÏA

nous découvre un spectacle qui donne à réfléchir au plus brave.

Depuis le pied de Bilboquet à notre gauche, jusqu'à la redoute blanche à notre droite, la plaine entière est couverte des masses épaisses et profonde de l'armée russe.

Les bataillons d'infanterie sont flanqués par une nombreuse artillerie, un immense cordon de tirailleurs couvre toute cette longue ligne de bataille, qui s'avance avec lenteur, mais dans un ordre admirable et une attitude imposante ; nous pouvons sans exagérer évaluer à 50.000 hommes la masse de ces troupes qui couvrent la vallée et les versants des hauteurs en face ; nous avouons que nous avons senti courir dans nos veines, comme un frisson de crainte, quand, en nous retournant du côté de notre camp, nous avons vu notre petite division se former sur les mamelons Féduchènes.

Dans cette attaque aux proportions formidables, l'effort principal va évidemment se faire sur le pont même de Tractir, seule route par où l'artillerie russe pourra défiler, pour venir se former sur les mamelons enlevés par ses nombreux bataillons.

C'est à l'honneur de la brigade de Failly qu'est confiée la garde de ce passage ; elle aura le temps de se faire tuer jusqu'au dernier homme avant que les secours arrivent.

La division Herbillon, seule réserve à portée, est au reste insuffisante pour faire tête à l'orage, et si l'ennemi a le sentiment de sa force, c'est au delà des monts Féduchènes, après avoir passé sur le corps de notre division et de la division Camou à notre gauche, qu'il doit venir livrer bataille à toute l'armée alliée, accourue de tous les points qu'elle occupe sur le plateau Chersonèse, pour défendre ses positions.

Les tirailleurs russes ne sont plus qu'à 300 mètres de la rivière ; à peine sommes-nous aperçus que le feu commence sur toute la ligne, les balles sifflent à nos oreilles et plusieurs obus éclatent au milieu de nous sans atteindre personne.

Le général de Failly a envoyé chercher les cinq autres bataillons et le reste de l'artillerie de la brigade.

Nous descendons les pentes au pas de course, nous traversons la rivière au gué et nous la remontons pour aller occuper le poste qui nous a été indiqué. A peine avons-nous fait quelques pas, que des milliers de casquettes plates surgissent de tous côtés au milieu des broussailles. A la faveur du brouillard, l'ennemi a pu arriver et garnir tous les abords du pont ; nous sommes accueillis par un feu décuple de celui que nous pouvons rendre.

Au même instant, nous apercevons le poste du pont assailli par une masse énorme : le capitaine Morel se défend énergiquement ; il est tué le sabre à la main, son lieutenant fait prisonnier, et le pont enlevé par le poids seul de la tête de colonne ennemie qui franchit aussi le pont du canal, en poussant des hurras frénétiques.

La division russe qui a enlevé le pont se garde bien de s'engager sur la route dans le ravin qui coupe en deux les monts Féduchènes ; elle se divise en deux, et pendant qu'une partie gravit à gauche le mamelon plus ardu des zouaves, l'autre, à droite, couvre les pentes de celui qu'occupent nos tentes, et l'une et l'autre s'avance d'un pas rapide sur nos positions en continuant leur feu.

De l'autre côté de la rivière, notre situation est des plus critiques ; enveloppés par un ennemi dix fois plus nombreux, nous sommes refoulés dans la Tchernaïa que nous repassons dans l'eau jusqu'à la ceinture.

Arrivés de l'autre côté, le commandant Prévost a un instant la pensée de se jeter avec la poignée d'hommes qui l'entoure sur le pont et de le reprendre à la baïonnette, il renonce à cette idée en voyant le nombre des Russes qui grossit à chaque minute, et dont les bataillons passent la rivière, en amont et en aval, avec des ponts volants que portent leurs têtes de colonne.

Le commandant Prévost, son adjudant-major le capitaine Herbé, tous deux à cheval au milieu de nous, sont le point de mire des Russes. De ce côté la pente est presque à pic, le canal passe au sommet de ce premier talus, une compagnie du 2e zouaves y est embusquée ; ralliés autour d'elle nous essayons une fusillade inutile sur les Russes qui nous suivent ; à notre gauche le mamelon est envahi de toutes parts et nous allons être coupés si nous ne reculons en toute hâte.

Nous gravissons pêle-mêle avec les Russes la côte escarpée, ils sont comme nous essoufflés et tirent peu. C'est au milieu des zouaves du 2e que nous nous réfugions, en arrivant nous pouvons juger des progrès qu'a faits l'ennemi dans cette première heure.

A notre droite les avant-postes piémontais ont dû, après une résistance acharnée, évacuer le Chouliou d'où l'artillerie russe nous envoie ses boulets qui pleuvent sur nos têtes. A droite et à gauche du pont, nos avant-postes ont dû se replier partout ; l'ennemi est maître de tout le cours de la rivière qu'il travaille activement à couvrir de ses ponts.

Une épaisse colonne, dont les tirailleurs nous ont fait la conduite, est arrivée sur le plateau du mamelon des zouaves ; de l'autre côté du ravin, le mamelon de gauche est envahi par une foule épaisse de capotes brunes que suivent des réserves nombreuses, en passant la rivière.

Sur le plateau du sommet, la petite brigade de Failly, moins notre premier bataillon, est rangée en bataille, son général en tête; à sa fière attitude il nous est facile de voir qu'elle se prépare à entrer en ligne d'une façon digne de ses précédents et de son vaillant chef.

Quand la tête de colonne russe, essoufflée par l'ascension n'est plus qu'à quelques pas de notre petite troupe, qui n'a pas tiré un coup de fusil, le cri redoutable « à la baïonnette » se fait entendre, et, comme une avalanche, nos huit cents braves se ruent tête baissée sur ces masses profondes ; culbutés les uns sur les autres, les Russes, dans un désordre effroyable, descendent au pas de course, suivis la baïonnette dans les reins par nos intrépides camarades.

Devant les zouaves et le 19me chasseurs, qui sont venus

se rallier à quelques pas de leur camp, une scène semblable va se passer, les deux commandants d'Arbois et Alpy sont déjà tombés mortellement blessés, au moment où leurs avant-postes ont été refoulés. Ce sont des capitaines qui enlèvent les soldats électrisés par l'exemple de la brigade de Failly, dont ils peuvent à leur gauche contempler la course héroïque ; tous, chasseurs et zouaves, se précipitent sur la foule un peu décousue qui monte, et devant leurs baïonnettes, le terrain se déblaye promptement.

Le 1er bataillon du 95me a rejoint par groupes qui traversent le champ de bataille de droite à gauche. Tous ensemble nous arrivons à la rivière, où nous rentrons dans les rangs de notre brigade, qui a semé sa route victorieuse de cadavres de l'ennemi fuyant toujours.

Pendant que le 2me zouaves se reforme derrière le canal et en avant de la maison de l'éclusier, nous avons déjà franchi le canal et la rivière, soit sur le pont de pierre, soit sur les ponts volants abandonnés par l'ennemi dans sa déroute ; nous sommes venus réoccuper la tête de pont ; nos deux régiments s'arrêtent et se préparent au second acte.

La tête de pont est un simple parapet d'un mètre de hauteur, avec fossé en dehors ; elle a un front et deux saillants, qui sont censés venir à droite et à gauche jusqu'au lit de la rivière, mais qui en réalité n'ont jamais été qu'ébauchés, et laissent à leurs deux extrémités un passage par où l'ennemi peut pénétrer. Sur le front de l'ouvrage une coupée est pratiquée pour aller au delà dans la plaine, elle est fermée par quelques troncs d'arbres. Le 97me garnit le parapet à gauche de la coupée, le 95me à droite, quelques compagnies du régiment se sont logées derrière deux petits épaulements élevés sur la rive gauche.

Le général de Failly, qui doit être content de lui et de sa brigade, s'est arrêté à quelque distance sur le canal, dans une position un peu dominante d'où il peut voir au loin ce qui se passe.

Derrière nous, les deux mamelons sont occupés par la

division Herbillon qui est accourue; l'artillerie divisionnaire, l'artillerie de la Garde arrivées au galop, se sont mises en batterie sur le versant des hauteurs. Leurs feux, admirablement dirigés, commencent à labourer les colonnes épaisses de l'armée russe devant nous. L'artillerie ennemie répond de son mieux, elle tire de bas en haut, tout ce fracas se passe au-dessus de nous, c'est à 10 mètres sur nos têtes que nous entendons siffler les boulets. Nous sommes 800 hommes à peine dans la tête du pont; la rivière à cet endroit forme un coude dont le sommet s'avance sur la rive droite.

A droite et à gauche, l'ennemi, en se retirant, a laissé des tirailleurs cachés dans les broussailles et derrière les masures, leur mousqueterie nous prend de flanc des deux côtés, et ne tarde pas à devenir meurtrière.

Devant nous, dans la plaine, les fuyards sont rentrés dans les rangs épais des divisions russes; c'est toujours une armée en bon ordre, qui jusqu'à présent n'a fait donner que son avant-garde, dont elle va réparer l'échec par une attaque nouvelle, avec toutes les chances de succès que lui donne l'immense supériorité du nombre.

Tout se prépare à quelques centaines de mètres de notre front pour un retour offensif de l'ennemi; les bataillons se massent en lourdes colonnes, les officiers russes à cheval, le sabre à la main, courent dans les rangs, nous les entendons exciter leurs soldats de la voix, et nous les voyons leur montrer du geste la route à suivre.

Bientôt deux colonnes parallèles semblent se détacher du gros de l'armée et, formées dans un ordre profond, s'avancent lentement sur nous. Les officiers sont en tête, les hommes nous paraissent de haute taille, leur démarche imposante, c'est une division d'élite de 10.000 grenadiers, à qui le général Gortschakoff a donné la tâche d'enlever le pont dont il ne sont plus qu'à trois cents mètres.

Dans nos rangs, l'exaltation de la poursuite a cessé, mais derrière nous les mamelons se sont couverts de nos réserves; notre artillerie fait des ravages affreux dans l'armée russe, et devant l'orage qui va fondre sur eux, nos soldats, confiants et forts, ouvrent un de ces feux de deux rangs tranquilles et meurtriers, qu'on ne peut obtenir que d'une troupe aguerrie.

Chaque homme avait le matin quatre-vingts cartouches dans sa giberne et n'en a brûlé qu'un petit nombre; personne ne fait attention aux feux de flanc qui nous déciment, nous ne voyons que les grenadiers russes, dont nos balles trouent les rangs épais, et qui, devant cette mousqueterie, semblent hésiter; ils s'avancent et s'arrêtent tour à tour, se serrent pour combler les vides et cependant gagnent toujours du terrain, pendant qu'à droite et à gauche la ligne de leurs tirailleurs se rapproche et nous enveloppe de plus près.

Notre petite troupe continue à tirer sur ce vaste demi-cercle où pas une balle ne se perd, nos hommes ajustent avec un merveilleux sang-froid et la pensée de se replier n'arrive à personne.

Les cartouches commencent à s'épuiser, le colonel Danner en fait demander; un caisson d'artillerie que nous envoie le général de Failly vient s'abriter sous une arche du pont et les gibernes se remplissent de nouveau.

Il y a plus d'une heure que, sous notre feu, la division russe est tenue à distance; mais cette belle troupe, dont l'immobilité imposante nous rappelle la colonne de Fontenoy, continue lentement ses progrès; il nous est facile de prévoir le moment où, devant la puissante impulsion du dernier choc, notre poignée d'hommes sera forcée de reculer.

Nos soldats ont tiré chacun plus de cent vingt coups de fusils, les canons échauffés brûlent leurs mains, les bras sont rompus; notre feu mollit peu à peu.

Les officiers russes saisissent habilement l'occasion, les tirailleurs de nos flancs réunis commencent à pénétrer par les ouvertures du bord de la rivière, et devant nous l'épaisse colonne, qui s'est ébranlée tout de bon, marche d'un pas rapide droit au parapet.

Le torrent grossit en s'avançant, les hurlements sauvages retentissent, la horde de grenadiers russes saute dans le fossé, escalade le parapet et envahit la tête du pont par tous les côtés à la fois.

Nous nous sommes repliés rapidement, mais sans désordre; une compagnie de grenadiers du 73e est sur le bord du canal au pied du mamelon de gauche, elle couvre de ses feux de peloton, avec un aplomb remarquable, la tête de colonne ennemie, qui ne nous poursuit qu'avec circonspection.

Aux côtés des grenadiers du 73e notre petite troupe se rallie, le colonel Danner à cheval nous reforme en un clin d'œil et crie : « En avant. » Groupé comme un seul homme autour de notre brave colonel, le reste du 95e et du 97e s'élance de nouveau à la baïonnette avec la furie du désespoir.

Le commandant Prévost, à cheval, arrive le premier sur le pont, pendant qu'à droite et à gauche, d'autres officiers franchissent la rivière, une lutte à l'arme blanche de quelques minutes, où la furie française reprend ses droits sanglants, nous rend maîtres une seconde fois du poste confié à notre garde; désormais nous ne le perdrons plus.

L'ennemi est en retraite, il est 9 heures du matin, le général de Failly lance en tirailleurs des compagnies de la brigade : les masures, les broussailles sont pleines de Russes qui continuent à tirer; mais ils sont bientôt débusqués par nos voltigeurs, qui font de nombreux prisonniers, le commandant Giaccobi rentre avec quatre-vingts.

La poursuite des divisions russes se retirant en ordre ne pouvant être tentée, les abords du pont sont dégagés; il n'y a plus devant nous dans la plaine que des cadavres russes amoncelés, trophée sanglant de cette lutte qui a duré cinq heures, et où 2.000 hommes des 19e chasseurs, 2e zouaves, 95e et 97e ont tenu tête à 20.000.

A notre gauche, la division Camou a reçu les corps qui ont donné sur elle par une charge à la baïonnette, le 50e, le 3e zouaves ont soutenu leur vieille réputation. Comme la nôtre, cette division compte 2.000 ou 2.500 hommes; l'attaque de l'ennemi sur elle n'a pas été renouvelée, tous ses efforts s'étant concentrés sur le pont, centre de la position.

A droite, la brigade du général Cler reliant la 3e division avec les Piémontais, a contenu l'ennemi descendu vis-à-vis des hauteurs du Chouliou. Devant une charge brillante du 62e et l'attitude des Sardes, dont les avant-postes n'ont cédé le terrain que peu à peu, l'ennemi a dû se retirer. L'attaque principale sur le centre ayant échoué, le prince Gortschakoff a renoncé sur toute notre ligne de bataille à une nouvelle tentative. Les Piémontais ont réoccupé leurs redoutes enlevées le matin.

Il est dix heures, nous sommes assis derrière le parapet de la tête de pont, des provisions nous sont arrivées du camp, nous déjeunons sur le théâtre même de la lutte, des prisonniers russes circulent autour de nous; quant aux blessés, nous en avons recueilli un grand nombre qui sont à l'abri sous les arches du pont.

A ce moment l'armée ennemie nous fait ses adieux, toutes ses batteries nous saluent d'une salve effroyable; cette fois c'est bien contre nous que les coups sont dirigés, les boulets ricochent au pied du parapet et vont s'enfoncer dans le sol, des obus vont éclater sous les arches et achèvent ou mutilent les malheureux blessés russes.

Un général de division, le général Niel, arrive vers la tête de pont, il contemple les monceaux de cadavres accumulés autour de nous, et s'approchant d'un groupe d'officiers des 95e et 97e, nous dit en se découvrant: « Messieurs, vous vous êtes conduits en héros. » Nous sommes d'autant plus contents de ce compliment, qu'il est le seul que nous ayons reçu. Dans l'ordre du général en chef, le combat du pont est qualifié de lutte héroïque qui couvre de gloire les régiments qui l'ont soutenue, mais il oublie de nommer ces régiments.

La perte de l'ennemi fut énorme. Pendant que ses têtes

APRÈS LA BATAILLE

de colonnes étaient décimées par nos balles ou trouées par nos baïonnettes, nos batteries, disposées avec habileté sur les mamelons, labouraient les masses profondes et semaient la mort dans leurs rangs. Devant la tête de pont, plus de 2.000 cadavres jonchent le sol ; le lit de la Tchernaïa, les rives du canal, les pentes des mamelons en étaient couverts.

Les sacs des grenadiers, leurs hachettes, leurs gibernes, furent le butin de nos soldats; chacun d'eux portait sur son dos des vivres pour plusieurs jours; leur pain grossier, noir et huileux, ressemble à des tourteaux de colza.

Ce corps est composé de beaux hommes, ils sont bien équipés et bien vêtus; leurs larges gibernes en cuir noir ciré sont ornées de la grenade; leurs armes, leurs buffleteries sont étincelantes de propreté. Les officiers, couverts comme les soldats de la longue capote brune, ne sont reconnaissables qu'à leurs pattes d'épaulettes.

De notre côté, la joie du triomphe fut bientôt obscurcie par le nouveau tribut que le régiment venait de payer à la mort. Le 95e n'existait plus. Sur moins de 500 hommes debout la veille, 256 étaient hors de combat ; sur trente officiers, trois sonts morts sur le coup : le capitaine Pierron, percé de coups de baïonnette; les sous-lieutenants Augustin et Aubrespy. Les deux premiers, depuis l'ouverture de la campagne, ont pris courageusement leur part de tous les dangers et de toutes les fatigues. Le sous-lieutenant Aubrespy, nouvellement arrivé, voyait le feu pour la première fois.

Parmi nos seize blessés, plusieurs le sont grièvement. Ce sont: le lieutenant-colonel Tixier, le capitaine Aizier, amputé d'un bras, le capitaine Herbé (1), le lieutenant

(1) Herbé, né à Reims en 1824, sorti de Saint-Cyr en 1844, lieutenant en 1848, il était capitaine au moment de la guerre de Crimée, chef de bataillon pendant la campagne du Mexique, il faisait partie de la première division du 3e corps au commencement de la guerre de 1870. Colonel en 1877, il fut nommé général de brigade en 1882, il était mis à la retraite en 1886. Il vient de mourir à Trévoux, où il s'était retiré (décembre 1893).

Schwartz, mort de sa blessure, Sisco, percé d'une balle en pleine poitrine et de plusieurs coups de baïonnette, de la Jallet, Granarolo, les sous-lieutenants Lartet, Guyot, Fougerolles, Richard. Blessés légèrement : les capitaines Lemoine, Croussain, Gœb; les sous-lieutenants Boy et Fourey.

Nos cinq officiers montés, MM. Danner, Prévost, Giacobbi, Dusautoy et Herbé, adjudant-major, ont eu leurs chevaux blessés sous eux.

Suivi d'un état-major nombreux, le général Pélissier est venu, vers dix heures, visiter le théâtre de la lutte; il s'avance à quelques pas au delà de la tête de pont et se retire après avoir constaté la perte énorme de l'ennemi. A 10 heures 1/2, nous sommes relevés au pont par une brigade de la division Dulac.

La perte de l'armée française fut de 1.400 hommes environ, tués ou blessés; dans ce chiffre la brigade de Failly est comprise pour 550; le 19e chasseurs et le 2e zouaves, pour 450. Total: 1.000 pour la 3e division; les 400 autres qui restent se répartissent entre les divisions Camou et Herbillon et les nombreuses batteries qui, pendant toute la bataille, ont foudroyé l'ennemi.

L'armée piémontaise eut 250 hommes hors de combat.

Ces chiffres sont plus éloquents que tous les commentaires, ils disent hautement dans quelles proportions doit être partagé l'honneur de la journée.

Au moment où nos camarades blessés quittent l'ambulance volante de la division pour être transportés à celle du quartier général, nous allons leur serrer la main. Notre jeune ami Schwartz a la cuisse brisée par une balle à la hauteur de l'aine, sa blessure est mortelle, il le sait et pourtant le pauvre jeune homme est calme et résigné; c'est sa cinquième blessure depuis le commencement du siège. Il a vingt-quatre ans. Décoré de la Légion d'honneur et du Medjidié, cité à l'ordre de l'armée le 7 juin, à la veille d'un avancement, quel avenir brisé! Il a succombé le 25 septembre, après quarante-deux jours d'une affreuse agonie, là, comme tant d'autres, loin de sa famille et de sa patrie, oublié sur le grabat d'une ambulance.

Oh ! si la guerre a ses jours d'enivrement, au prix de quels sacrifices, grand Dieu ! Que reste-t-il de cette brillante pléiade de jeunes officiers du 95e qui, il y a 18 mois, quittaient la France avec les illusions des grandes espérances ? Vingt sont morts, trente-cinq ou quarante gisent mutilés dans les hôpitaux de Constantinople ou les ambulances de l'armée ; nous restons dix ou douze debout, errant tristement autour de nos tentes vides et de nos gourbis déserts.

La belle compagnie de grenadiers que, depuis la blessure du capitaine Kock, nous avons eu l'honneur de conduire, est réduite à treize baïonnettes. Le 7 juin nous avions perdu quarante hommes, le 18 juin trente, et le 16 août, sur les vingt-cinq restants, douze furent tués ou blessés.

Le lendemain, sur la tombe des officiers de sa brigade, le général de Failly prononça quelques nobles paroles. Comme toujours, les balles l'ont respecté, nous ne devons pas tarder à le perdre pour le voir récompenser de sa brillante conduite par le commandement d'une brigade de la garde et, quelques semaines plus tard, par le grade de général de division.

La bataille de Tractir est le dernier effort de l'armée russe sur nos lignes ; depuis, les généraux ennemis ont concentré toutes leurs forces dans la défense de Sébastopol et ils sont pour toujours dégoûtés des mouvements offensifs qui sont venus l'un après l'autre se briser contre la valeur de nos soldats.

A Tractir spécialement cette valeur a tout fait, c'est devant une poignée d'hommes résolus que le prince Gortschakoff, avec 70.000 combattants et 160 pièces de canon, a dû s'arrêter. Dès les premiers moments du combat la résistance eût dû être écrasée par le seul effort de ses têtes de colonnes.

Les corps accourus au secours de notre division et de la

division Camou ne sont arrivés que pour voir le champ de bataille abandonné de l'ennemi et couvert de ses morts.

Nous avons entendu depuis se produire l'opinion étrange que la défense obstinée de la brigade de Failly avait empêché de grands résultats ; qu'engagée dans les défilés devant Tractir et devant Balaclava, l'armée russe, en débouchant, trouvant les troupes alliées accourues de toutes parts, allait subir un désastre inévitable.

Nous pouvons après le récit du combat ne pas faire à cette opinion l'honneur de la discuter. Si, arrivé sur les plateaux Féduchènes, l'ennemi n'eût pas été culbuté par nos baïonnettes, il s'y établissait solidement, garnissant les crêtes de son artillerie, et se serait bien gardé de descendre dans la plaine.

La reprise des mamelons Féduchènes, indispensables à la sûreté de nos lignes et occupés par 50.000 hommes, eût été une entreprise immense, d'une issue douteuse, et qui, dans touts les cas, aurait coûté des milliers d'hommes.

Au reste, la défense des monts Féduchènes fut, dès le le lendemain, consolidée par des travaux de campagne : on couronna de tranchées la crête des mamelons et trois batteries furent construites. Deux pièces de canon furent établies à la coupée de la tête du pont, et puisque sans le secours de ces défenses nos avant-postes avaient tenu tête à l'armée russe, on devait regarder désormais la position comme inattaquable.

Dans la soirée du 16, l'armée russe, qui était restée, jusque vers les quatre heures, massée sous son canon au fond de la plaine et au pied des hauteurs, s'écoule lentement par la route de Makensie.

Les journées des 17 et 18 furent employées au transport des blessés et à l'enterrement des morts; le 17 au soir, plus de 1.600 blessés russes avaient été recueillis et portés dans nos ambulances.

Le 18, dans l'après-midi, un parti de cavalerie russe et quelques fantassins descendirent des hauteurs, suivis de prolonges d'artillerie et précédés d'un drapeau parlementaire ; un officier d'état-major s'avança au-devant du détachement ennemi qui venait enlever les cadavres des leurs. Cette corvée fut longue et signalée par une scène touchante dont nous n'avons pas été témoin : un jeune Russe de quinze ou seize ans, le fils du général Read, s'était jeté sur le corps de son père, tué à la tête de son corps d'armée ; il fallut l'arracher à ce douloureux spectacle.

Le 18 au soir, la brigade de Failly, réduite à 500 hommes, se porta sur le mamelon de droite à côté des zouaves; une partie de la division Herbillon vint nous remplacer, un ordre du général Bosquet nous apprit le départ du général Faucheux pour la France, il était remplacé par le général Espinasse (1), un des plus brillants et le plus jeune de nos généraux de division.

Le général de Failly venait d'être appelé au commandement d'une brigade de la garde, depuis huit mois nous étions sous ses ordres. La trempe énergique de son caractère, son courage calme, sa haute intelligence de la guerre, nous avaient inspiré une estime profonde et une confiance sans bornes. Ses adieux furent touchants. Nous l'entourions émus, des larmes vinrent couper ses paroles quand il nous témoigna les regrets de quitter les débris de ses deux régiments qui ne lui avaient jamais fait défaut dans les circonstances les plus difficiles. Le général de Tournemine lui succédait.

Le premier acte du général Espinasse fut une revue de sa division dans la plaine de Balaclava. Formés en un seul petit bataillon, les 250 survivants du 95e vinrent, leur colonel en tête, prendre leur place de bataille. Le général

(1) Espinasse, né à Saissac (Aude) en 1815, entra à Saint-Cyr en 1833 et gagna ses premiers grades en Algérie, où nous le trouvons chef de bataillon en 1845. Colonel en 1851, il prit une part active au coup d'État et fut nommé général de brigade. Au commencement de la guerre d'Orient, il fit partie de l'expédition de la Dobrutscha et revint malade en France. Au printemps 1855, il rejoignit l'armée en Crimée et prit part à l'assaut de Sébastopol comme général de division. Un instant ministre de l'intérieur et de la sûreté générale, en 1858 il reprit son épée au moment de la guerre d'Italie et fut tué à Magenta.

Espinasse s'avançant au-devant de nous, demanda au colonel Danner où étaient les deux autres : « Hélas ! mon général, répondit le colonel, j'ai eu grand'peine à en former un petit. » — « Consolez-vous, colonel, il en vaut trois. »

Après la revue du général, la distribution de quelques croix que les rares élus avaient si bien méritées fut pour lui l'occasion de quelques paroles éloquentes et chaleureuses.

CHAPITRE XI

SÉBASTOPOL — BAÏDAR

Cependant le canon lointain du siège nous rappelait à chaque instant que l'œuvre de destruction suivait son cours.

Devant Malakoff la dernière parallèle se creusait à quarante mètres des ouvrages ennemis, sous les balles et sous la mitraille ; nous perdions dans les tranchées jusqu'à cent hommes par jour, mais l'armée russe s'épuisait dans ses derniers efforts. L'insuccès de l'attaque du 16 août, qui n'avait pas même détourné une heure l'armée de siège de ses travaux, avait fait comprendre au prince Gortschakoff que bientôt Sébastopol devait succomber devant notre obstination et le déploiement inouï de nos forces.

La défense ne faiblissait pas : à nos mines l'ennemi opposait les siennes, à notre feu incessant il répondait nuit et jour, et ce sera plus tard une œuvre savante et pleine d'intérêt que le récit de ce siège mémorable où toutes les armes ont rivalisé d'ardeur et d'intelligence, où le génie de la défense a suivi jour par jour celui de l'attaque, disputant le terrain pied à pied, où la conquête de chaque toise a coûté des travaux énormes, des prodiges de bravoure et des flots de sang.

Dans les derniers jours du mois d'août, sur toutes nos lignes, la vigilance redouble, nous sommes tenus en haleine par de continuelles prises d'armes. Tous les matins, à trois heures, on allume nos feux, nos clairons et nos musiques sonnent le réveil, nos bataillons se forment devant les tentes et nous restons debout jusqu'à ce que le soleil, haut sur l'horizon, nous montre au loin la plaine vide et que nos chefs soient rassurés sur les intentions de l'ennemi.

Cette préoccupation d'une attaque nouvelle qui s'est emparée de nos généraux, nous semble peu fondée, et si nous devions longtemps encore vivre dans ces transes continuelles et ces alertes qui mettent inutilement le soldat sur les dents, ce serait à regretter les tranchées.

La dernière heure de Sébastopol n'est pas loin, notre récit ne peut recevoir, dans son cadre étroit, les détails des événements de ces derniers jours, couronnement glorieux de cette immortelle campagne. Nous ne sachons pas qu'il y ait dans l'histoire aucun exemple d'un assaut donné et reçu par deux armées de 80.000 hommes chacune, préparé par le feu de 800 pièces de canons d'un calibre énorme, et cela sur un front de deux lieues, après un siège de onze mois, en présence des drapeaux de cinq nations militaires de premier ordre.

Dans la première semaine de septembre, la situation des assiégeants et des assiégés est devenue telle, que de part et d'autre elle ne peut se prolonger. A 25 ou 30 mètres de l'enceinte, nos travailleurs et nos gardes de tranchée peuvent entendre la voix des soldats russes. Les effets de la mousqueterie sont désastreux, le réseau de nos batteries a pris tout le développement que le terrain a permis de leur donner, l'avis de tous nos chefs de corps est unanime, il ne nous reste plus qu'à nous en remettre, pour le résultat, à l'héroïsme de nos soldats et à la volonté de Dieu.

Le 5 septembre, le feu de nos batteries s'ouvre d'un bout à l'autre; ce sont tantôt des salves effroyables, tantôt le roulement continu d'un tonnerre, tantôt enfin des intervalles de silence. Nous prêtons à cette canonnade lointaine une oreille avide et nous attendons dans une impatience fiévreuse le dénouement. Le 6 et le 7, le feu continue et la nuit ne l'interrompt pas ; nous sommes consignés dans nos camps. Le 8 au matin, un ordre du général Bosquet nous annonce que l'œuvre de nos batteries est terminée et qu'à midi toute l'armée de siège se précipitera sur les ouvrages ennemis.

Les divisions de la Tchernaïa ont pris les armes et se sont formées en avant de leurs positions. Nous sommes sur la crête des monts Féduchènes, attendant dans une émotion profonde.

Les heures solennelles qui vont s'écouler fixeront le destin de la campagne, et des milliers de braves ne verront pas la fin du jour. Le souvenir des événements accomplis, le sentiment de la grandeur du résultat ou de l'immensité du désastre, dans la double éventualité du triomphe ou de l'échec, toutes ces espérances et ces anxiétés que le lecteur conçoit et que nous ne pouvons décrire, ont fixé sur tous les visages une empreinte de gravité, silencieuse et triste.

A midi, le bruit du canon cesse subitement, les quelques heures qui suivent nous semblent des siècles. . . . .

Après une attente mortelle et vers 4 heures, un cavalier paraît venant à toute bride du côté de la ville, c'est le général Espinasse, il agite de loin son képi et crie : « vive l'empereur ! Malakoff est pris ! » Nos poitrines oppressées se dilatent enfin. Que les conséquences de cet heureux événement soient immédiates ou se fassent attendre, nul n'en peut méconnaître l'importance : établis dans Malakoff, nous rendrons la ville inhabitable, et la baie n'a plus de recoin où les vaisseaux puissent, en se réfugiant, éviter une destruction désormais certaine.

Le tableau de cette lutte de géants que la victoire vient de couronner sera l'œuvre de témoins oculaires ou de patients investigateurs qui en rechercheront plus tard les moindres péripéties, nous ne pouvons que brièvement rendre compte des principaux incidents, et nous n'avons, au reste, aucune raison de les connaître mieux que la plupart de ceux qui ont lu avec attention les rapports de nos généraux.

L'heure et le jour choisis par le général en chef pour lancer ses colonnes sur tout le front de nos attaques avaient été tenus secrets. Depuis trois jours, les troupes russes massées derrière les enceintes pour faire face partout à l'éventualité d'un assaut souffraient cruellement. Le prince Gortschakoff a avoué une perte de douze à quinze cents hommes par jour. Dans la ville, les maisons et les monuments s'écroulent sous nos bombes, la puissante artillerie de l'ennemi semble cette fois dominée par la concentration de nos feux et la précision meurtrière de notre tir. L'effet destructeur de nos batteries amoncelait enfin les décombres et comblait les fossés, un vaisseau russe atteint par une bombe brûlait dans le port.

Dans la soirée du 7, les généraux ont reçu l'ordre de l'assaut, et le 8 au matin, il est lu dans chaque bataillon. Celui du général Bosquet était empreint d'une éloquence simple et grandiose.

De huit à dix heures, toutes les divisions en armes défilèrent en silence pour aller à leurs postes de combat.

Le général de Salles, chargé de l'attaque de gauche depuis la Quarantaine jusqu'au ravin des Anglais, avait, en première ligne, massé, dans les dernières parallèles, les divisions Levaillant et d'Autemarre (1), 9e et 5e chasseurs, 46e, 80e, 21e, 42e, 19e, 26e, 39e, 74e, qui doivent se jeter sur le bastion central et le bastion du Mât; en réserve la brigade sarde Cialdini (2) et les divisions Bouat et Paté, massées dans les tranchées en arrière.

(1) Ancienne division Forey.

(2) Cialdini, général et homme d'État italien, né en 1813 à Castelvetro (Modène). Engagé dans les milices du général Zanko, 1831, il fut fait prisonnier à Ancône. Transporté à Paris, il y continua l'étude de la médecine qu'il avait commencée à Parme. Il alla ensuite en Portugal, où il fit campagne contre don Miguel, et en Espagne, où il combattit don Carlos. En 1848 il prit part à la lutte de l'Italie contre l'Autriche. Lors de la guerre de Crimée, il fit partie de l'ex-

Au centre, l'armée anglaise devait assaillir le grand Redan, sur lequel elle cheminait depuis le commencement du siège.

A droite, le général Bosquet devait enlever à la fois Malakoff et le petit Redan.

Devant Malakoff, la division Mac-Mahon (1), 4e chasseurs, 1er zouaves, 7e, 20e, et 27e, faisait tête de colonne; la brigade Wimpfen l'héroïne du Mamelon Vert, 3e zouaves, 50e et turcos, et les zouaves de la garde, en réserve.

Devant le petit Redan, la division Dulac, 17e chasseurs, 85e, 10e, 57e, 61e, avec une brigade de la division d'Aurelles en réserve.

Entre ces deux attaques, le général La Motterouge devait se jeter sur la courtine qui relie Malakoff au petit Redan; il avait en première ligne le 4e chasseurs, les 49e, 86e, 91e, 100e; en réserve deux régiments de voltigeurs et

pédition piémontaise et devint général de brigade. En 1859, après Palestro, nommé divisionnaire, il battit Lamoricière à Castelfidardo en 1860, et coopéra à l'occupation du royaume de Naples. En 1866, il fit le plan de campagne contre l'Autriche. Général d'armée, et chef d'état-major général, il dirigea l'entrée des Italiens à Rome en 1870. Depuis, il a été ambassadeur en Espagne, et à Paris en 1876, en remplacement du chevalier Nigra.

(1) Mac-Mahon (Marie-Edmond-Patrice-Maurice de), né à Sully, (Saône-et-Loire), en 1808, d'une ancienne famille irlandaise réfugiée en France avec les Stuarts. Entré en 1825 à l'Ecole de Saint-Cyr, il fait ses premières armes en Afrique, où il va gagner tous ses grades jusqu'à celui de général de division, 1852. Envoyé en Crimée au mois d'août 1855, il est mis à la tête d'une division dans le corps du maréchal Bosquet. On lui réserve le périlleux honneur d'enlever les ouvrages de Malakoff. Sénateur en 1856, il vote contre la loi de sûreté générale. Commandant en chef des forces de terre et de mer en Algérie, il est appelé en Italie et contribue à la victoire de Magenta où il gagne le bâton de maréchal de France et le titre de duc. Depuis 1864 gouverneur général de l'Algérie, il est appelé en 1870 à commander le 1er corps d'armée. Battu à Reichshoffen, il organise à la hâte une nouvelle armée à Châlons, et va, obéissant à des ordres supérieurs, la faire battre et prendre à Sedan. Blessé et prisonnier, il revient en mars 1871 commander l'armée de Versailles, et reprendre Paris sur la Commune. Elu président de la République en 1873, il quitta volontairement le pouvoir en 1879 pour ne pas s'associer à des mesures qui répugnaient à sa conscience de soldat. Depuis il a vécu dans la retraite. Il est mort le 17 octobre 1893; la France s'est honorée en faisant des funérailles nationales à ce vaillant soldat, et l'Europe tout entière s'est associée à notre deuil.

deux régiments de grenadiers de la garde, brigades Pontevès (1) et de Failly.

A onze heures, tout le monde est à son poste, le général en chef est au Mamelon Vert, avec son état-major; le général Bosquet, dans la 6e parallèle, devant Malakoff. Cette fois pas de signal, les montres des généraux sont réglées d'avance. A midi précis, toutes les colonnes doivent s'élancer à la fois des tranchées et se ruer sur les ouvrages devant elles. A l'attaque de gauche et devant les Anglais, les corps ne doivent s'ébranler que quand le drapeau tricolore flottera sur Malakoff.

Généraux, officiers, soldats sont en grande tenue, l'heure presse, nos batteries se taisent tout à coup. . . . . Il est midi, le cri de : Vive l'empereur! retentit en un hourra immense, les tambours battent, les clairons sonnent la charge, en quelques secondes les fossés et les parapets ennemis sont couverts de nos bataillons, frémissant d'ardeur et d'audace.

Dans Malakoff, les officiers russes, surpris par la foudroyante impétuosité de l'attaque, rallient leurs soldats et se font tuer sur place, assaillis de tous côtés par les soldats du général Mac-Mahon qui marche au milieu des premiers pelotons, et après une lutte corps à corps de quelques minutes, les défenseurs restés vivants s'écoulent par la gorge de l'ouvrage. Malakoff est à nous.

Les divisions Dulac et La Motterouge ont de leur côté occupé le petit Redan et la Courtine à la droite de Malakoff.

A ce premier moment, l'ennemi a cédé partout sous le choc impétueux de nos divisions; mais ses réserves énormes se préparent au second acte de cette partie redoutable dont la première manche est déjà nôtre.

Le général Bosquet vient d'être emporté sanglant, frappé

(1) Pontevès (de), né en 1805, lieutenant en 1830 et capitaine en 1837 à son retour d'Afrique. En 1844, il repartit pour l'Algérie, où il devint lieutenant-colonel. Colonel pendant l'expédition de Rome, 1849, général de brigade en 1854, il vint en Crimée au mois de juin 1855 et y fut tué le 8 septembre.

d'un éclat d'obus au côté. Près de lui le lieutenant Nicod du 95e, aide-major de tranchée détaché du régiment, un de nos plus braves et intelligents camarades, blessé par le même obus, est achevé par un boulet presque au même instant.

Au centre, les Anglais, sur le Redan, à gauche, les divisions du général de Salles, sur le bastion central, viennent de s'élancer à leur tour.

Mais, au delà de la première enceinte, nos soldats sont sur un volcan, les mines éclatent de toutes parts, les batteries de la seconde enceinte des ouvrages russes foudroient, renversent nos colonnes; un retour offensif des réserves ennemies achève l'œuvre, et nos vaillants régiments, après la mort de milliers de braves, des généraux Rivet (1) et Breton (2), sont forcés de rentrer dans nos parallèles, les Anglais n'ont pu de leur côté se maintenir dans le Redan.

A l'extrême droite, les canons des vapeurs russes, les batteries voisines du petit Redan soutiennent l'effort des divisions russes qui se sont précipitées sur les troupes des généraux Dulac et La Motterouge qui, trois fois repoussées, trois fois sont revenues à la charge.

Les généraux Saint-Pol (3), Marolles (4), Pontevès, sont

(1) Rivet, né en 1810; sous-lieutenant d'artillerie en 1833, il partit pour l'Afrique, où il resta près de 20 ans; lorsqu'il fut rappelé en France, en 1852, il était général de brigade. Il revint bientôt après en Algérie, où il fut nommé chef d'état-major. Attaché au corps expéditionnaire de Crimée, il fut blessé le 8 septembre, à l'attaque de Sébastopol, et mourut le jour même.

(2) Breton, né en 1805; sous-lieutenant en 1824, il fit la campagne de Morée; détaché au collège de la Flèche, puis à l'école de Saint-Cyr, il était colonel quand il partit pour l'expédition de Crimée; général de brigade en 1855, blessé plusieurs fois, il fut tué le 8 septembre, d'une balle au front, au dernier assaut de Malakoff.

(3) Saint-Pol (comte de), né à Reims, en 1810, débuta dans la vie militaire par la campagne de Belgique et demeura attaché à l'armée belge jusqu'en 1839. Colonel en 1851, après l'expédition de Rome, il passa en Afrique et fit l'expédition de Kabylie; en 1855 il passa en Crimée et fut promu au grade de général de brigade. A l'assaut du 8 septembre, il tomba criblé de blessures devant le petit Redan.

(4) Marolles (de), né à Batavia en 1808, de parents français; capitaine en 1838, il passa en 1843 en Algérie, fit la campagne de Rome et fut nommé colonel en 1852. Général de brigade pendant l'expé-

morts ou blessés mortellement. Malgré des efforts inouïs, malgré la part énergique que les deux brigades de la garde viennent de prendre à cette lutte acharnée, nous n'avons pu nous maintenir que dans la courtine de Malakoff.

Mais dans cet ouvrage même, tous les efforts de l'ennemi sont impuissants; la division Mac-Mahon, la brigade Wimpfen ont trois fois repoussé les réserves russes qui sont venues se jeter sur la gorge de cette vaste citadelle. Quatre heures durant, ces intrépides régiments, outre les chocs renouvelés de l'infanterie, ont soutenu le feu des vapeurs et des batteries éloignées, mais les 1er chasseurs, 1er zouaves, 7e, 20e et 27e de l'ancienne division Canrobert, sont les vieux soldats de l'Alma. Le 3e zouaves, les turcos, le 50e, sont les survivants de cette héroïque division Bosquet, qui, à l'Alma, à Inkermann, au Mamelon Vert, se sont couverts de gloire (1).

Vers cinq heures, une résolution soudaine du prince Gortschakoff commença à se révéler, pendant que les derniers bataillons de l'armée russe renouvelaient sur Malakoff leur tentative désespérée; ses bagages, ses blessés défilaient sur le pont de bateaux, leur unique retraite.

A mesure que le jour baisse, tous les corps ennemis s'écoulent tour à tour et se retirent de l'autre côté de la baie.

Quoique, sur toute la ligne de nos attaques, l'assaut n'eût réussi qu'à Malakoff et sa courtine de gauche, ce résultat suffit pour déterminer le prince à évacuer la place. Grâce à la position dominante de l'ouvrage conquis, et malgré le succès de sa résistance désespérée sur presque tout le

dition de Crimée, il tomba à l'attaque du petit Redan, le 8 septembre. On retrouva, au milieu des décombres, son corps criblé de blessures.

(1) Au Mamelon Vert, le 50e, après la mort de son chef, le colonel de Brancion, de son lieutenant-colonel Leblanc, après la blessure du commandant Signorino, était resté sous les ordres du capitaine du Gardin, que nous retrouvons à Malakoff, chef de bataillon au même régiment. Ce brave officier tomba frappé d'une balle au cœur, dans la dernière heure de la lutte que la brigade Wimpfen eut à soutenir contre les réserves russes. (*Note de l'auteur.*) Voir, à la fin du volume, une notice détaillée sur le commandant du Gardin.

front de ses défenses, l'armée russe ne pouvait se maintenir quelque temps encore qu'au prix de sacrifices énormes et désormais inutiles.

Sauver son armée en sacrifiant la ville et la flotte, et se réfugier sur la rive droite de la baie, avant d'avoir perdu son dernier bataillon, fut de la part du général en chef un acte impérieusement dicté par les circonstances.

La retraite de l'armée russe fut protégée par l'incendie ; sur tous les points l'assiégé fit, pendant la nuit, sauter ses défenses, brûla ses magasins et ses arsenaux. Le soleil, en se levant le lendemain, éclaira cette scène de désolation ; les derniers vaisseaux étaient coulés, le pont de bateaux replié et les quelques hommes qui étaient restés de ce côté de la baie pour activer pendant la nuit l'œuvre des flammes, furent emportés par quelques vapeurs qui purent encore se réfugier dans une petite anse, au pied du fort Constantin.

La journée décisive et sanglante de la veille nous avait coûté cher : 1.400 morts, 4 ou 5 mille blessés. Mais comment calculer la perte de l'armée russe? Les derniers jours du bombardement, l'assaut, les attaques dix fois renouvelées de ses bataillons sur les positions conquises, la confusion inévitable pendant cette dernière nuit, avaient dû lui coûter un monde énorme.

La défense de Sébastopol restera dans les annales de la Russie une de ses pages les plus glorieuses. Onze mois durant, cette vaillante armée a tenu en échec les premiers soldats du monde, elle a accumulé des travaux inouïs, renouvelé ses sorties tous les jours et toutes les nuits, repoussé l'assaut du 18 juin, tenté trois fois la fortune des armes en bataille rangée, disputé avec un acharnement incroyable chaque pouce du terrain couvert des ossements de nos soldats.

Mais si cette lutte mémorable a été pour nos ennemis l'occasion d'une gloire immortelle, que dire de ceux qui ont vaincu?

Ce n'est pas un siège que nous avons fait, c'est un

bataille qui a duré un an, contre une armée égale en nombre, abritée par une série d'ouvrages formidables, soutenue par une artillerie d'une puissance, d'un nombre et d'un calibre dont la guerre jusqu'à ce jour ne fournit pas d'exemple, libre de ses mouvements, approvisionnée et ravitaillée sans obstacle, combattant sur son propre territoire, composée de vaillants soldats religieux et fidèles, auxquels l'habileté de leurs chefs et les prédications de leurs prêtres grecs ont su faire croire que leur cause était sainte, qu'ils souffraient et mouraient pour leur Dieu, leurs foyers, leur empereur.

Les jours qui suivirent furent employés activement à recueillir les blessés, à enterrer les morts, à éteindre partout les incendies. Le général Bazaine fut nommé gouverneur de Sébastopol (1).

Personne n'était en droit de s'attendre à la retraite définitive de l'ennemi dans l'intérieur de la presqu'île; la situation de l'armée russe, vaincue, mais non détruite, était encore redoutable; la droite, solidement assise sur les forts de la rive septentrionale de la baie, son centre dans les rochers presque inaccessibles de Makensie, et la gauche au delà, dans le pays montagneux, vis-à-vis de Baïdar. Ses réserves, ses magasins, ses hôpitaux sur le Belbek, à Batchi-Seroï et à Simphéropol.

(1) Bazaine, né en 1810, échoua au concours d'entrée à Polytechnique et s'engagea en 1831. Capitaine en Algérie en 1839, il eut pendant plusieurs années la direction des affaires arabes de la subdivision de Tlemcen. Colonel à la légion étrangère, il fut envoyé en Orient comme général de brigade; divisionnaire en 1855 et gouverneur de Sébastopol, il dirigea l'expédition de Kinburn. Pendant la campagne d'Italie il prit part aux combats de Malegnano et de Solférino. A la tête de la 1re division du corps expéditionnaire du Mexique, il contribua à la prise de Puebla et remplaça, en 1863, le maréchal Forey dans le commandement en chef et était nommé maréchal de France. Sa conduite dès lors fut plus que singulière. Rappelé après la mission du général Castelnau, il reste néanmoins en faveur et, après les premiers désastres, il fut placé, le 12 août, à la tête de l'armée. On sait le reste : la triste et honteuse capitulation de Metz, la condamnation à mort de Bazaine, la commutation de peine signée par Mac-Mahon, son évasion de Sainte-Marguerite, le 9 août 1874, et, depuis, son odyssée à travers l'Europe. Il a fini par mourir à Madrid, le 23 septembre 1888.

SÉBASTOPOL

Le prince Gortschakoff, dont la résolution suprême a été prise avec le sang-froid d'un général habile et la décision d'un grand caractère, avait compté ses chances; il forma le dessein de se défendre à outrance; tout le pays accidenté qui s'étend depuis Simphéropol jusqu'à la mer, dans le sud de la presqu'île, allait devenir pour lui le théâtre d'une campagne défensive où les forces qui lui restaient et la solidité de ses divisions éprouvées devaient arrêter l'armée française jusqu'au moment où la rigueur de l'hiver suspendrait forcément nos opérations.

Le 13 septembre, nous pûmes enfin forcer la consigne sévère qui nous retenait au camp de Tractir et venir, avec un de nos camarades, visiter les ruines encore fumantes de Sébastopol : entrés par le bastion central, nous longeons le mur crénelé qui descend vers la mer et nous pénétron dans la ville, après avoir traversé tout le faubourg et les défenses de la Quarantaine. C'est avec un sentiment de satisfaction et d'orgueil facile à comprendre, que nous avons parcouru ces remparts démantelés, derrière lesquels les Russes nous avaient bravés si longtemps. Autour de nous tout est ruines, le sol est de toute part effondré par des trous de bombes et des entonnoirs de mine. Une seconde enceinte, détruite aussi par les explosions et l'incendie, sépare le faubourg de la ville, dont l'aspect général n'a rien de remarquable ; les défenses sur la mer ont cependant partout ce caractère de solidité imposante, particulier aux constructions militaires; les moellons sont énormes, leurs assises carrées sont baignées par les flots de la baie.

Le fort Nicolas, en forme circulaire, s'avance sur la mer, la courbe parallèle que dessine du côté de la ville sa muraille intérieure, borne une place unie où souvent, pendant le siège, du haut de l'observatoire du Carénage, nous avons, avec une longue-vue, distingué les soldats russes se promener en groupes isolés ou défiler en armes.

Aû midi de cette esplanade, un escalier grandiose monte au jardin public; sur la plate-forme qui la couronne, une colonne, surmontée d'un bronze représentant une galère symbolique, est élevée à la mémoire d'un marin célèbre dont le nom nous est échappé.

Le jardin public est mesquin, les arbres en sont rabougris; tout autour la plus belle partie de la ville est assise. Le théâtre et un édifice qui nous semble être un palais de justice sont des monuments à colonnades qui ne manquent pas d'une élégance sévère et simple; la Maison verte, où s'est installé le général Bazaine, est tout près.

Plus loin, la cathédrale grecque, qui n'a rien qui nous frappe : la voûte en est effondrée. A côté de l'édifice, et par une disposition qui nous a paru singulière, un beffroi élevé sur le sol même supporte une cloche énorme dont souvent, pendant nos gardes, nous avons entendu les tintements graves dans le silence des longues nuits d'hiver.

Nous visitons les bassins; il est difficile de ne pas admirer leurs vastes proportions et leurs digues monumentales.

Le feu du fort Constantin et des batteries de l'autre côté de la baie n'a pas encore rendu le séjour de Sébastopol impossible, mais bientôt l'ennemi recommencera sur la ville abandonnée un tir presque continuel.

Nous sortons par le bastion du Mât, autour duquel, comme à la Quarantaine et au bastion central, sont amoncelés les décombres. Les cadavres russes ont été presque partout enlevés, cependant on en rencontre encore perdus au milieu des parapets démantelés et des faubourgs en ruine. . . . .

Le bâton de maréchal vient de récompenser le général en chef; les opérations militaires qui suivirent la prise de Sébastopol eurent peu d'importance, quelques reconnaissances dans le pays montagneux vis-à-vis de Baïdar, et des escarmouches d'avant-postes, dans la place et sur le plateau de Chersonèse.

L'automne et l'hiver allaient se passer en travaux de toute nature, et surtout en efforts souvent infructueux pour combattre un ennemi plus cruel que les projectiles russes, le typhus, ce fléau destructeur des armées, qui nous a enlevé plus de monde que le feu de l'ennemi.

Par une faveur spéciale de la fortune, le 95e seul avait encore à traverser un épisode plein d'intérêt, et dont les détails auront quelque prix pour nos camarades, auxquels ce récit est surtout destiné.

Le 14 septembre, la division Espinasse reçut l'ordre de partir pour Baïdar, où déjà la division d'Autemare et une partie de la cavalerie formaient dans cette direction l'avant-garde des armées alliées.

La route de Tractir à Baïdar est tracée a travers une contrée pittoresque : tantôt elle longe des bois épais et des prairies verdoyantes, tantôt elle gravit des hauteurs ou court sur le flanc d'une montagne à pic avec un précipice à côté. De temps à autre, nous rencontrons quelques postes turcs échelonnés de distance en distance; à la halte de dix heures, nous sommes à côté d'une habitation élégante perdue au milieu des bois, qu'on nous dit être un rendez-vous de chasse; après une marche de 25 à 30 kilomètres, le site change tout à coup, les deux rives de la Tchernaïa, jusque-là resserrées par les montagnes, s'ouvrent en une vallée gracieuse, au fond de laquelle le village de Baïdar, composé de huttes tartares en boue et en clayonnage, nous rappelle Seferlik et les hameaux bulgares.

Au pied des hauteurs sur lesquelles nous plaçons nos tentes, notre première brigade et la division d'Autemare occupent déjà la vallée.

Le 15 septembre, au camp de Baïdar même, nous fûmes rejoints par un renfort de 800 hommes, quelques blessés du 7 et du 18 juin nous étaient déjà revenus, l'effectif du régiment fut ainsi porté à un chiffre normal.

Notre séjour à Baïdar fut de courte durée. Le 17, un nouvel ordre nous ramena au camp de Tractir, où nous reprenons une position un peu en arrière de l'ancienne ; tout le 1er corps du général de Salles vient successivement s'établir dans la vallée de Baïdar et dans le pays de la haute Tchernaïa.

Les derniers jours de septembre s'écoulent paisibles : le général Espinasse nous faisait manœuvrer dans la plaine, nous rentrions en simulant un enlèvement du mamelon Féduchènes, c'était, au dire du général, la préparation à l'attaque de Makensie. Après tant de combats nous goûtions avec une satisfaction facile à concevoir ce repos de quelques semaines, qui fut bientôt interrompu par la nouvelle d'une expédition périlleuse dont la destination secrète ne devait nous être révélée qu'en mer.

Le 97e, notre vieux compagnon de gloire et de danger, allait rentrer en France ; son heureuse fortune ne nous rendait pas jaloux. A la pensée d'aventures nouvelles dans cette campagne extraordinaire, commencée à Gallipolli, qui finirait Dieu sait où, nous sentons renaître ce désir de l'inconnu qui, dans la jeunesse surtout, pousse l'homme aux entreprises hasardeuses et donne un si puissant attrait aux courses lointaines.

CHAPITRE XII

KINBURN

Le 1er octobre, un ordre du général Pélissier nous arrive subitement : une brigade composée du 14e chasseurs, du 95e et des tirailleurs algériens, sous les ordres du général Wimpfen, doit, de concert avec la brigade anglaise Spencer, former à Kamiesch une division expéditionnaire, commandée par le général Bazaine, et s'embarquer pour une destination dont le secret est gardé rigoureusement.

Dans la soirée du 1er octobre, nous traversons une dernière fois ce plateau de Chersonèse, couvert des camps alliés, et nous venons attendre à Kamiesch le moment du départ. Le général Bazaine réunit sur-le-champ le corps d'officiers ; son accueil fut cordial, il nous assura que depuis l'Alma il avait suivi la conduite du 95e et qu'il était fixé sur la façon dont il savait, en face de l'ennemi, soutenir l'honneur du drapeau.

Depuis quelques mois nous n'avions pas revu Kamiesch : il était méconnaissable ; ses innombrables baraques sont en lignes droites et parallèles, et les rues ont des noms de circonstance. C'est la rue Napoléon, la rue de Lourmel, la rue de la Victoire ; des cafés, des restaurants de tous côtés ; sur la plage une activité inouïe, une population d'aventuriers, de marchands, de soldats bigarrés des costumes les plus divers et les plus étranges. Sous nos tentes pendant la nuit, le jour nous avons repris les habitudes de la vie civilisée, nous mangeons au restaurant, les cafés sont remplis de nos officiers et de nos soldats, tout au reste y est à des prix fabuleux.

Le 6 octobre, toute la division expéditionnaire est à bord d'une escadre superbe de soixante et dix navires, commandée par l'amiral Bruat (1), dont le pavillon est à bord du *Montebello.*

Le 95e est partie sur *l'Ulm*, partie sur *le Jean-Bart;* la flotte est accompagnée de huit vaisseaux de haut bord, quatre français et quatre anglais, de frégates à vapeur, de canonnières et de bombardes; trois batteries flottantes, *la Pave*, *la Dévastation* et *la Tonnante*, doivent tenter leur première épreuve, elles sont armées chacune de seize pièces de 50, munies d'une machine à vapeur relativement faible; elles gouvernent difficilement à la mer, mais sur leur enveloppe de fer à forme convexe comme la carapace d'une tortue, les boulets doivent ricocher comme une balle sur une cuirasse, et leur puissance est décuplée par la certitude d'être à l'abri des coups de l'ennemi.

L'appareillage est favorisé par un temps superbe. Bientôt nous perdons de vue les côtes de cette terre illustrée par des événements qui grandiront encore à distance, et arriveront à la postérité avec une auréole brillante de poésie et de gloire.

Le rendez-vous de tous les navires de l'escadre est devant Odessa. Le 7, dans le milieu du jour, nous sommes en vue des hautes falaises qui bordent la côte de Bessa-

(1) Bruat, né à Colmar en 1796, entra au service en 1811, assista comme lieutenant de vaisseau à la bataille de Navarin. Prisonnier du bey d'Alger après un naufrage, il fut délivré par la victoire des Français. Capitaine de vaisseau, il fut envoyé aux îles Marquises et obligea la reine Pomaré à accepter le protectorat français. Vice-amiral en 1852, il commanda la flotte de la mer Noire sous les ordres de l'amiral Hamelin, et le remplaça en 1854. Amiral en 1855, il dirigea l'expédition de Kinburn. Il mourut pendant la traversée, en revenant en France (nov. 1855).

rabie; après une traversée de 24 heures, nous mouillons à 2.000 mètres environ du port et de la ville.

A l'aide des longues-vues des officiers de marine, nous pouvons contempler à l'aise cette grande cité toute neuve, assise autour du port en amphithéâtre: ses maisons grecques sont à colonnades, d'élégantes coupoles s'élèvent en grand nombre, au-dessus des couvents et des églises; nous distinguons parfaitement l'escalier grandiose qui, du port, conduit dans la ville haute. La vue de la flotte doit faire éprouver à la population des transes cruelles.

Un ordre du général Bazaine vient enfin nous révéler le but de cet armement formidable; nous allons à l'embouchure du Dniéper enlever le fort de Kinburn : l'infanterie, mise à terre, investira la place en l'isolant de tous secours, pendant que les canons de l'escadre détruiront les remparts et rendront inhabitable l'intérieur de la forteresse.

Dans la soirée du 7, nous sommes enveloppés par une brume épaisse; le temps devient mauvais, la mer houleuse, nous ne voyons plus ni la ville ni même les navires à l'ancre près des nôtres; les signaux de l'amiral se font à coups de canon.

Ce brouillard intense nous retient devant Odessa pendant les journées des 8, 9, 10, 11, 12 et 13 octobre. Nous sommes loin de nous plaindre; le confort de la vie à bord, le bon accueil de nos camarades de la marine, après les privations de la campagne, ont pour nous double prix.

Le 14, le temps a changé, la mer est calme, le soleil brille à l'horizon, ses premiers feux dorent devant nous les falaises et la ville, l'ordre d'appareiller est donné; la flottille de canonnières nous a précédés. Sur cette côte la navigation est difficile, la mer est peu profonde, les cartes russes dont peuvent disposer nos officiers de marine sont imparfaites, ou plutôt leurs résultats faux sont-ils l'œuvre d'un gouvernement dont la prévoyance s'étend au plus minutieux détails et qui garde la vérité pour lui seul.

Nous marchons de l'ouest à l'est, parallèlement à la terre

qui reste en vue constamment, elle est toujours bordée de falaises rocheuses; sur les crêtes, de distance en distance, des télégraphes agitent leurs bras cabalistiques ; sur la route qui court le long de la mer, nous distinguons des courriers qui se croisent sans cesse. A 2 heures nous sommes à l'embouchure du Dniéper, nous mouillons en vue du fort de Kinburn ; il est construit sur une lagune étroite et sablonneuse, dont le niveau se confond avec celui de la mer Noire et du limon du fleuve; les murailles semblent sortir du sein des eaux.

Le jour est trop avancé pour débarquer, les vaisseaux restent à l'ancre, dans la nuit les canonnières ont franchi la passe et sont entrées dans le Dniéper.

L'extrémité de la presqu'île et la forteresse sont ainsi enveloppées par nos navires, la route de terre reste seule ouverte à la garnison, mais bientôt le débarquement de la division va la fermer et compléter ainsi l'investissement.

Le plan du général Bazaine est fort simple : pendant que la presqu'île sera coupée par l'armée, les feux des vaisseaux et des batteries flottantes écraseront la place, et, sous peine d'être ensevelis sous les casemates en ruines, la garnison devra évacuer le poste et poser les armes.

Le 15 au matin, les troupes sont transbordées sur des avisos et des canonnières, et toute la division est mise à terre dans l'est de la presqu'île, à quatre kilomètres des remparts et hors de la portée des canons de Kinburn. La brigade anglaise, campée dos à dos avec la nôtre, fait face à la terre, et nous face à la forteresse ; entre nous et le fort, le village de Kinburn est abandonné par ses habitants.

Dans la soirée du 15, les vaisseaux ont commencé à ouvrir le feu, mais sans résultat, la mer est mauvaise, les batteries flottantes ne peuvent pas tirer. Dans la nuit, le village de Kinburn est incendié par la garnison russe, qui ne laisse debout que quelques maisonnettes blanches, demeures de douaniers, propriété de l'Etat, et qui plus tard nous serviront.

La journée du 16 octobre s'écoule dans une attente assez triste, l'état de la mer nous prive de toute communication avec l'escadre, nous souffrons de la soif; dans ce sol sablonneux nous ne trouvons que de l'eau saumâtre ou plutôt de l'eau de mer mal filtrée et dessalée tant bien que mal par son passage au travers du sable.

Dans la nuit du 16, et en prévision de l'éventualité fâcheuse où le temps continuera à paralyser l'escadre, le général Bazaine fait ouvrir la tranchée à 900 mètres du fort, dans le village même; le 17, au point du jour, le colonel Danner vient, avec les 2e et 3e bataillons du 95e et deux compagnies de chasseurs, se loger à portée du village; il devra commencer le siège régulier; le capitaine Ribaucourt, avec cinq compagnies du 95e, occupe la tranchée creusée dans la nuit.

Mais la mer s'est calmée. A neuf heures, les batteries flottantes ont pu s'embosser à 600 mètres; elles ont enlevé leurs bastingages, et ressemblent à des pontons; de loin les Russes les ont prises pour des chalands chargés de soldats et tirent sur elles à mitraille; les vaisseaux, les canonnières et les bombardes se sont rapprochés; à neuf heures et demie, les batteries flottantes ont commencé à tirer, et bientôt toute l'escadre s'en mêle; les bombes et les fusées pleuvent sur la forteresse: c'est un beau spectacle qui nous rappelle les grands jours du siège.

L'ennemi répond d'abord avec énergie, mais que peut-il contre un pareil déploiement de forces? Nos feux convergent sur ses ouvrages avec une précision terrible; il est enveloppé de toutes parts. L'*Annibal*, vaisseau amiral anglais, a franchi hardiment la passe, il est venu mouiller dans le Dniéper, et ses bordées criblent la malheureuse citadelle.

Bientôt des explosions et des incendies ont éclaté dans le fort, le feu de la garnison faiblit.

Le pavillon russe, qui flottait dans l'espace, vient d'être emporté, la hampe brisée par un boulet: l'impossibilité de résister est évidente, Le feu cesse, il est une heure: le pavillon blanc s'élève sur le *Montebello,* duquel se détache sur-le-champ un canot parlementaire.

De son côté, le général Bazaine s'est avancé à l'entrée du fort, le commandant russe, général Kochanowitch, est venu au-devant de lui; c'est un vieillard, son malheur, son attitude et ses cheveux blancs inspirent le respect; les conditions de la capitulation sont réglées promptement : la garnison est prisonnière de guerre, les soldats déposeront leurs armes et garderont leurs effets, les officiers ne rendront pas leur épée. Un officier supérieur du génie se débat quelque temps et menace, en énergumène, de faire sauter le fort.

A 3 heures, la garnison, forte de 1.400 hommes et de plus de 40 officiers de tous grades, sort de l'enceinte et, sous l'escorte de nos soldats, est conduite à la plage où nous avons débarqué.

Le défilé se prolonge : la plupart des soldats sont ivres; réfugiés dans les casemates pendant le bombardement, ils ont défoncé les tonneaux de genièvre. Les officiers passent avec raideur : leurs figures tristes portent l'empreinte de la blessure profonde qu'une capitulation fait toujours à l'amour-propre de gens d'honneur, auxquels il n'a pas été donné de tirer l'épée pour se défendre.

Au milieu des prisonniers, le pope grec passe, suivi de soldats portant avec respect ses ornements, ses tableaux et ses bannières.

Nos compagnies de garde ont occupé sur-le-champ la citadelle évacuée, le capitaine Troussaint du 95me est nommé commandant de place; pendant la nuit, avec le concours des marins, on est parvenu à éteindre le feu partout, à prévenir des explosions nouvelles, les approvisionnements de poudre étaient considérables.

Le 18, nous sommes réveillés par le bruit lointain d'une explosion formidable : de l'autre côté du limon du fleuve, à 7 ou 8 kilomètres, l'ennemi vient de faire sauter les défenses d'Ottchakoff.

Pendant le bombardement, les Russes ont perdu peu

de monde : leurs soldats étaient à l'abri, nous ne trouvons qu'une trentaine de blessés et quelques cadavres; suivant son habitude, l'ennemi a prodigué ses canons, nous trouvons 174 pièces de tous calibres : c'est un beau trophée.

Dans la journée, les prisonniers, divisés en deux parts, furent embarqués sur les navires anglais et français; la plupart des officiers demandent à venir en France. Le vieux général Kochanowitch se promène à cheval dans le camp; il a aussi opté pour la France; il nous est facile de constater, chez les officiers destinés aux Anglais, un sentiment de déplaisir et de regret.

Le 19, le colonel Danner est nommé commandant supérieur de Kinburn et de ses dépendances. Il a été résolu que le fort serait réparé, mis en défense, et que le 95me avec une compagnie du génie et une compagnie de pontonniers y resteraient de garde.

Le 20 octobre, le général Bazaine entreprit, dans l'est et le nord de la presqu'île, une reconnaissance en force ; la brigade anglaise, les chasseurs, les turcos et un bataillon d'élite du 95me, en faisaient partie : après une journée de marche pénible dans les sables, nous vînmes camper le soir autour d'un village abandonné, Pafiowska; nos soldats y font un ample butin d'oies et de canards à demi sauvages; des légumes croissent dans de petites oasis auprès des maisons ; nous sommes entourés de marais salants.

Le lendemain, la colonne continue sa marche vers le nord en se rapprochant du fleuve ; nous campons le soir dans un grand village sur le bord du Dniéper, c'est Schadofsko; nous sommes à 50 kilomètres de Kinburn. Le pays est désert, l'ennemi n'a paru nulle part. Le 24, nous rentrons à Kinburn. Avant de quitter Schadofsko, nos soldats ont incendié des meules de foin énormes, nous sommes suivis par quelques Cosaques.

Les derniers jours d'octobre sont employés à réparer le fort, les pavillons intérieurs ont peu souffert. Le 1er novembre, l'escadre met à la voile, emmenant tout le corps expéditionnaire, moins le 95e; à une heure, la dernière voile avait disparu.

Les 2 compagnies du génie et de pontonniers, les 3 bataillons du 95e, en tout 1.620 hommes restent seuls sur cette plage stérile et solitaire; nous sommes destinés à y passer l'hiver; notre tâche est de défendre notre petite conquête contre toutes tentatives de l'ennemi. Les trois batteries flottantes, six canonnières, deux avisos et une gabare forment, sous les ordres du capitaine de vaisseau Paris (1), une petite station navale, qui vient mouiller dans le fleuve et complète nos moyens de défense.

Nous sommes à 60 heures de tout secours, dans l'ignorance absolue des forces de l'ennemi devant nous, à Ottchakoff et à Nicolaëff. L'occupation de Kinburn a dû interrompre la navigation entre Odessa, Nicolaëff et Pérékoff; une attaque des Russes est donc probable, le colonel Danner est en éveil, il ne perd pas un jour pour se mettre en garde.

Le fort est un polygone à six bastions; il occupe, sur une étendue de 150 mètres, toute la largeur de la presqu'île; deux poternes donnent l'une sur la mer Noire, l'autre sur le Dniéper, vis-à-vis d'un embarcadère en bois, construit par les Russes; au delà du fort, la lagune se restreint et vient mourir en pointe dans les eaux mélangées de la mer et du fleuve; deux petits fortins, dont l'un à la pointe extrême, commandent la passe et sont occupés par les marins et les pontonniers.

Les quelques maisons du village oubliées par l'incendie, et les maisonnettes de douaniers, servent à loger le 1er bataillon du commandant Vergnes; par l'ordre du colonel Danner, un fossé de 500 mètres, traversant du fleuve à la

(1) Paris, né en 1806. Admis à l'Ecole de marine, il devint enseigne de vaisseau en 1826; après plusieurs voyages de circumnavigation, en particulier dans la mer de Chine, il fut nommé capitaine de vaisseau en 1846. Vice-amiral en 1864, il a été mis en 1871 dans le cadre de réserve; il est membre de l'Académie des sciences et conservateur du Musée de marine.

mer, fut creusé par les travailleurs, il devait nous couvrir du côté de la terre.

Ce premier obstacle à emporter était d'autant plus sérieux pour l'ennemi, qu'outre nos soldats derrière le parapet, il devait se former sous le feu des navires et des batteries flottantes qui à droite et à gauche balayent le sol.

Le 3 novembre, un brouillard épais couvrait au loin la mer et la plaine de sable; vers 2 heures, le cri : aux armes, se fait entendre au village, tout le monde court à son poste. Un petit détachement de quatre hommes jetés en enfants perdus à 600 mètres au delà du fossé sur le bord du fleuve, venait de rentrer précipitamment en annonçant que l'ennemi était en vue.

Les travailleurs du 1er bataillon sont en ordre de bataille derrière leur parapet, 2 obusiers de montagne à portée tirent au hasard dans la brume épaisse qui obscurcit l'horizon, nous restons quelques heures sous les armes.

On s'aperçoit bientôt que trois officiers et un soldat manquent à l'appel; sortis dans la matinée pour tirer quelques gibiers d'eau au delà du fossé du village, ils avaient été subitement entourés par un parti de Cosaques que le brouillard rendait invisible à trente pas. Ils s'étaient formés en petit carré, tenant les cavaliers en joue, une voix d'officier perçant le brouillard leur cria en français qu'ils étaient cernés, et qu'il fallait se rendre sous peine d'être écharpés; avant de remettre leurs armes, nos camarades firent appel au petit poste qui était rentré sur-le-champ, et l'ennemi nous trouva sur nos gardes.

Nous avons su, plus tard, qu'une forte reconnaissance de cavalerie et d'artillerie, conduite par le prince Loubaninski, avait causé cette alerte; sans l'appel énergique des officiers prisonniers, nos travailleurs surpris en désordre subissaient un échec sanglant. Trois officiers de marine, descendus aussi à terre pour chasser, avaient été enlevés quelques instants avant, conduits à Nicolaëff, nos amis ont eu l'heureuse chance, outre les égards dont ils ont été l'objet, de rencontrer l'empereur Alexandre à qui l'un d'entre eux eut l'honneur d'être présenté.

A la fin de novembre, notre fossé était terminé, le fort réparé, les pavillons et les casemates prêts à nous recevoir, les deux bataillons campés à côté de nous s'installèrent dans la citadelle.

Une nouvelle apparition de l'ennemi redoubla la vigilance du colonel Danner, le petit poste d'enfants perdus fut triplé; logé dans une cabane de pêcheur sur le bord du fleuve, à 800 mètres du fossé, il devait, pendant la nuit, avertir avec des signaux de feu. Pour aller le voir nous traversions le cimetière de Kinburn, semé de jolies tombes couvertes d'inscriptions russes.

Les approvisionnements de bois laissés par l'ennemi nous rassuraient pour l'hiver; des canonnières, en remontant le fleuve jusqu'à l'embouchure du Bug, avaient en outre capturé deux radeaux énormes de chênes et de sapins gigantesques, nos pavillons avaient presque tous des calorifères dont la chaleur nous parut insuffisante, on les remplaça par des cheminées construites par le génie : un navire de l'escadre fut destiné par le commandant Paris à la correspondance de Kamiesch et de Constantinople, où un de nos camarades alla, pour le compte de la colonie renouveler nos provisions de conserves et de légumes; nous reçumes aussi de Kamiesch des vêtements d'hiver : peaux de moutons, chachias, sabots, guêtres bulgares; nous en avions, l'hiver précédent, expérimenté l'heureuse influence sur la santé de nos soldats.

Dans les premiers jours de décembre le froid devint intense, le thermomètre descendit à 12 et bientôt à 18 degrés; dans la nuit du 6, le limon du Dniéper fut gelé, les communications avec l'escadre se firent à pied sec, une première débacle entraîna les vaisseaux, ils allèrent en désordre mouiller loin du fort et le fleuve, repris la nuit suivante, il fut impossible de changer de position.

Nous étions privés de nos plus énergiques défenses, le fleuve, transformé en une plaine immense et solide, était désormais pour les corps russes d'Otchakoff une route facile, une attaque devenait probable.

Quelques déserteurs recueillis par les marins nous annoncèrent en effet que l'on préparait contre nous une tentative énergique ; on avait construit des traîneaux pour les canons, et des crampons avaient été distribués aux soldats. Nous crûmes volontiers à ces avertissements, le moment était propice, nos vaisseaux, isolés les uns des autres ou en désordre, ne pouvant tirer librement sans frapper leurs voisins, devaient être enlevés par les fantassins russes, au moins aussi facilement que les flottes hollandaises l'avaient été en 1794, par les hussards de Pichegru.

Les équipages rivalisèrent d'ardeur et d'industrie pour se mettre en défense, de larges tranchées furent ouvertes dans la glace autour des navires et entretenues nuit et jour, des fougasses brisèrent au loin, par leur explosion, la croûte épaisse dont le froid toujours vif augmentait la solidité.

A terre, le colonel Danner fit couvrir les remparts des canons enlevés à l'ennemi ; on en mit dans le chemin couvert, qui devaient briser la glace sous les pieds des colonnes russes ; tous les jours les pontonniers s'exerçaient au tir, nous avions des munitions de reste ; le fossé du village reçut trois pièces de gros calibre.

Le bataillon de garde derrière le parapet risquait d'être coupé par une invasion subite de l'ennemi, une large tranchée dans la glace s'étendant du village au fort, devait pourvoir à cette éventualité.

Le colonel ne s'en tint pas à ces mesures, il voulut maintenir le moral de ses soldats à la hauteur du péril. Dans cet isolement la nostalgie était à craindre, on organisa un théâtre, les représentations commencèrent, les distributions de vin et de viande fraîche furent journalières, les officiers blessés rentraient en nombre, l'activité des chefs tint tout le monde en éveil ; on en vint à désirer une attaque dans laquelle tout le monde voyait pour le 95e la nouvelle occasion d'une gloire d'autant plus enviable qu'elle ne serait pas partagée.

Les nuits de garde étaient devenues cruelles; nous eûmes des sentinelles à moitié gelées, il fallait s'envelopper les oreilles et le nez, il y eut jusqu'à des yeux perdus par l'action meurtrière d'un froid dont aucun de nous n'avait l'idée. Le 25 décembre, le thermomètre était à 26 degrés, la mer Noire restait liquide, les bords seuls étaient gelés à quelques centaines de mètres de la plage.

Le 31 décembre, une voile parut à l'horizon ; la corvette le *Phlégéthon*, signalant à son bord un officier général, arrivait à toute vapeur. Un canot prit terre à la poterne en brisant la glace; le colonel s'était porté au devant de lui ; nous reconnûmes de suite le général Lebœuf, de l'artillerie, nous l'avions souvent vu dans les tranchées de l'attaque de gauche.

Le 1er janvier, le général Lebœuf nous reçut en corps, il nous assura que le maréchal Pélissier, ému et préoccupé de notre position difficile, nous envoyait une compagnie d'artillerie de marine de renfort, et que lui-même était chargé d'inspecter les travaux de défense et d'en ordonner au besoin de nouveaux.

Le général se montra profondément satisfait des travaux déjà exécutés par le colonel Danner et de l'excellent esprit de notre petite troupe, la compagnie d'artillerie était d'un grand prix, nous manquions surtout de servants pour les pièces, on ne pouvait y pourvoir avec nos soldats sans diminuer le nombre déjà trop restreint de nos baïonnettes.

Le froid continuait, et les déserteurs nous annonçaient pour le 6 janvier l'attaque définitive; de plus, le typhus venait de faire invasion dans nos casemates, et bientôt la ligne des tombes du cimetière du village s'allongea tous les jours.

Pendant la nuit du 5 au 6 tout le monde se coucha habillé, prêt à prendre les armes. A 5 heures du matin, l'explosion d'une fougasse, suite de la maladresse d'un matelot, nous mit tous en garde, l'erreur fut bientôt reconnuue, l'ennemi n'avait pas paru.

Le 7 janvier, notre 2e bataillon alla relever le premier au village et à la garde du fossé; on palissada cette tranchée, et tous les jours les Cosaques, qui régulièrement venaient nous visiter, furent tenus à distance par nos obusiers et nos tirailleurs.

Notre vie était nécessairement monotone, la glace nous permettait avec les officiers de la marine des relations constantes, qui furent toujours cordiales et pour nous d'une grande ressource.

Les chasseurs s'acharnaient aux canards et aux goélands, nos tables furent abondamment pourvues de ces volatiles, nous avouons que la chair huileuse des derniers nous a toujours paru repoussante.

Le 21 janvier, le général Lebœuf nous quitta, il emportait notre estime et nos regrets; son affabilité lui avait gagné tout le monde, la simplicité et la bienveillance sont presque toujours les compagnons de la supériorité réelle.

A la fin de janvier une nouvelle débâcle faillit devenir funeste à l'escadre, elle eut grand'peine à se tirer des glaçons qui l'entraînaient au large au risque de briser les navires.

Le typhus continuait ses ravages; notre chirurgien-major, grièvement malade, fut évacué sur Constantinople. Le docteur Forjet, son successeur, succomba aux atteintes de cette épidémie dont les coups augmentaient tous les jours; nous suivîmes tristes le convoi de notre chirurgien, il ferma la liste funèbre que notre ami Geoffroi avait ouverte le lendemain de la bataille de l'Alma, et dont tous les noms resteront toujours imprimés dans notre âme en traits ineffaçables.

Nous avons su plus tard que l'armée russe de Bessarabie avait été décimée plus que nous par la maladie et que nous ne devions qu'à cet hôte de mort l'inaction de l'ennemi.

Le beau temps revint avec le mois de mars; le Dniéper

libre, personne désormais ne voulait croire à la possibilité d'une attaque. La visite quotidienne des Cosaques donnait lieu à l'échange de quelques coups de fusil, mais, fortifiés du côté de terre, nous n'avions rien à redouter, une défense de Kinburn par les survivants de Tractir et de Volhynie a manqué à notre gloire.

L'épidémie cessa subitement, le temps s'écoulait sans rien amener de nouveau dans notre situation, nous passions de longues heures les yeux fixés sur la mer, à attendre une voile apportant le courrier de France; nous dévorions avec une avidité facile à concevoir les journeaux de plusieurs semaines et les lettres arriérées de nos familles.

Le 30 mars seulement nous fûmes avertis de l'armistice qui finissait le 31, le colonel Danner envoya sur-le-champ le capitaine Grenier en porter la nouvelle aux avant-postes ennemis, que notre parlementaire ne rencontra que fort loin, il remit à un poste de Cosaques qui s'était bravement enfui à son approche, les dépêches dont il était porteur, et, le soir même, le prince Loubaninski vint régler avec le colonel les conditions de l'armistice.

Nos prisonniers du 3 novembre venaient de rentrer, ils avaient passé l'hiver à Odessa, accueillis partout, et surtout par les familles françaises, avec un empressement dont ils ne cessaient de se louer.

Le capitaine Lemoine et l'enseigne de vaisseau L'Evisque, présentés à l'empereur Alexandre, reçurent de lui un accueil amical, il leur tendit la main en leur disant avec bonté que c'était encore la main d'un ennemi, mais que bientôt ce serait la main d'un ami.

Le 31, nous reçûmes avis de la prolongation de l'armistice, et quelques jours après la nouvelle de la conclusion de la paix, nos rapports avec les officiers russes devinrent journaliers; nous allâmes plusieurs fois à Ottchakoff, mais les employés de la santé, à face jaune et patibulaire, nous interdirent l'accès de la plage. Le colonel Ostramoff nous reçut en canot et nous procura, par Odessa, des vivres frais et des provisions; les paysans russes, de retour à Kinburn, nous vendirent des légumes, des sterlets du Dniéper, si prisés des gastronomes.

A la fin d'avril, l'ordre d'évacuation arriva de Kamiesch, tout le mois fut employé à déménager et à embarquer sur des navires de commerce, le matériel de la forteresse, et l'artillerie, les pièces, les affûts, les poudres et les projectiles.

Au commencement de mai, le colonel russe Volkenstein, de l'arme du génie, et le capitaine d'état-major Riserkampf, vinrent recevoir des mains du colonel Danner, le fort et ses dépendances. Notre commandant supérieur leur fit les honneurs de notre prison. Le prince Loubaninski vint aussi nous visiter; c'est un bel homme de 50 ans environ, aux manières élégantes, aux formes parfaites. Ces messieurs assistent à notre représentation et nous prodiguent les témoignages d'estime et de fraternité militaire.

Le colonel Volkenstein et son aide de camp furent tour à tour les hôtes des officiers de chaque bataillon. Le second, logé au village, offrit une fête champêtre, avec accompagnement de devises symboliques, de drapeaux, de pavillons et de feu d'artifice.

Inutile de dire que les officiers russes parlent le français comme les indigènes du boulevard, que la civilisation parisienne n'a pour eux aucun secret, et que les merveilles de nos arts et les chefs-d'œuvre de notre littérature n'ont pas d'admirateurs plus ardents et plus éclairés.

Le déménagement s'avançait, le 15 mai tout était embarqué, et le 16 la frégate *le Sané*, la corvette *le Roland* et l'aviso *la Mégère* recevaient à leur bord nos trois bataillons; à midi la côte de Russie se fondait dans le brouillard, le 1er juin les côtes de Provence étaient en vue, nous chantions en chœur: *Vers les rives de France*, et nous entrions à toute vapeur dans le port de Marseille.

. . . .

A l'heure avancée où nous arrivons au terme de notre

œuvre, le tison de Noël brille dans l'âtre, la neige couvre au loin les collines, et les villageois d'alentour s'acheminent pieusement vers le temple. Quel contraste, et qu'il y a loin de ces paisibles scènes du foyer rustique à notre nuit de garde de l'an passé sur les remparts de Kinburn, et plus encore à la nuit de tranchée de l'année précédente sous les canons du bastion du Mât.

Merci à Dieu du retour, et encore une larme et une prière au souvenir de nos compagnons d'armes qui dorment là-bas pour toujours.

Un regard en arrière sur les trente mois qui viennent de s'écouler nous remplit pour l'avenir d'un sentiment de confiance et d'espoir. Les rêves d'un soldat ne peuvent ressembler aux chimères naïves d'un membre du congrès de la paix, et ce n'est pas notre faute si, dans toutes les crises où la France a passé depuis un demi-siècle, l'armée seule, restée debout sur les ruines de si grandes choses, a été pour nous l'unique instrument de salut au dedans et de gloire au dehors.

C'est dans la guerre que la monarchie de Clovis, de Louis IX et de Napoléon a laborieusement vu le jour; c'est par la guerre qu'elle a vécu, qu'elle a grandi, et qu'à cette heure encore elle a conservé sur le monde cette magistrature suprême du génie et de la force, de l'intelligence et du glaive. Il semble que dans les desseins de Dieu sur l'humanité, les Francs soient restés, dans ses mains divines, l'épée et le bouclier des saintes causes.

Dans cet ordre d'idées, nous croyons avec une foi profonde que la mission de notre patrie est bien loin de finir, quoi qu'il arrive. L'armée a fait ses preuves, elle est prête, on peut sans crainte lui demander de nouveau tous les dévouements, tous les genres de courage et tous les sacrifices. . . . .

24 décembre 1856.

APPENDICE

NOTICE SUR LE COMMANDANT DU GARDIN

NOTICE

SUR LE

COMMANDANT DU GARDIN

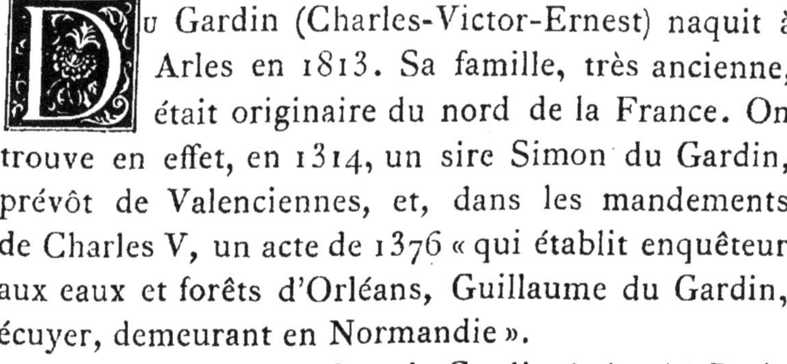

Du Gardin (Charles-Victor-Ernest) naquit à Arles en 1813. Sa famille, très ancienne, était originaire du nord de la France. On trouve en effet, en 1314, un sire Simon du Gardin, prévôt de Valenciennes, et, dans les mandements de Charles V, un acte de 1376 « qui établit enquêteur aux eaux et forêts d'Orléans, Guillaume du Gardin, écuyer, demeurant en Normandie ».

Le père du commandant du Gardin était né à Paris en 1782, s'était engagé à 14 ans et était entré par la suite dans l'administration des douanes. Il était vérificateur à Arles quand il épousa Mlle Charlotte de Bonijol du Brau dont il eut trois fils. L'un d'eux fut le commandant qui nous occupe. Engagé volontaire à 18 ans, il assista en 1832 au siège d'Anvers, tint garnison dans différentes villes, notamment à Montpellier où il dirigea le gymnase militaire; il conquit tous ses grades à la pointe de l'épée. En garnison au fort de Pierre-Châtel, il épousa, le 30 juin 1850, Mlle Antonia Guyonnet, dont le père était juge d'instruction à Belley; il était alors capitaine, et, après un congé de six mois, il alla rejoindre en 1851 son régiment, le 50e de ligne, en Afrique. Ce régiment fut un des premiers envoyés en Crimée et un de ceux qui prirent la part la plus active aux nombreux combats qui se livrèrent autour de Sébastopol. Le capitaine du Gardin fut décoré à la bataille de l'Alma. Au Mamelon Vert, il fut nommé chef de bataillon et cité à l'ordre du jour de l'armée. Enfin il fut tué à la prise de Malakoff (8 septembre 1855).

Nous ne croyons pas pouvoir mieux faire connaître le commandant du Gardin, qu'en citant une lettre d'un engagé volontaire dans la campagne de Crimée, sergent au 49e de ligne. Elle est datée du camp d'Inkermann, le 20 mars 1856, quelque temps avant le rapatriement de nos troupes.

Elle est adressée par le jeune sergent à son père adoptif, M. Humbert Ferrand, un voisin de campagne de la famille Guyonnet, dans laquelle M. du Gardin était entré par son mariage.

Devant Sébastopol, 20 mars 1856.

Mon cher Père,

Me voici enfin depuis quelque temps de retour en Crimée et, jusqu'à nouvel ordre du moins, hors de ce long et insupportable purgatoire des hôpitaux. Ma blessure est fermée, mais la victoire qui a bien voulu me marquer de son sceau, a tenu en même temps à le rendre ineffaçable; elle a appuyé de façon, je vous assure, à ne pas me permettre d'oublier le 8 septembre. J'en porterai à tout jamais sur moi, grâce à Dieu, l'indélébile Memento.

Je ne saurais vous peindre avec quelle vive émotion je revois ces positions, illustrées par tant de combats et dont chacune nous rappelle une date historique. Habitués jusqu'au 8 septembre au tonnerre incessant de l'artillerie, le silence qui a succédé à cette grande voix des combats, nous saisit d'un ennui indicible et répand quelque chose de sinistre sur cette solitude de cimetière qui nous environne. Parfois un boulet nous arrive encore, comme une carte de visite lancée à tout hasard, mais de si loin qu'à peine peut-on découvrir d'où nous vient ce dernier et timide souvenir. Quant à la fusillade, il n'en est plus question, nos baïonnettes se rouillent, et au peu que nous avons à faire aujourd'hui, nous en sommes à regretter d'avoir trop fait à la fois. Nous avons tué la guerre elle-même sur son nid, à Malakoff, et je commence à croire qu'en cela nous avons été plus maladroits que bien avisés. Où retrouver maintenant les épaulettes qu'elle nous couvait si bien?..... Si cette idée vous fait sourire, cher père, n'allez pas, je vous prie, la prendre trop au sérieux et croyez bien que nos regrets sont en réalité l'expression d'un sentiment beaucoup plus généreux. Nous avons tant de braves, tant d'amis à pleurer, que nous ne pouvons renoncer sans peine à les venger.

La mort a si impitoyablement moissonné sur cette fatale terre de Crimée, que parmi ceux qui ont échappé à ses coups, il en est bien peu qui n'aient été au moins atteints dans leur cœur et qui n'y portent un deuil. Quant à moi, celui que je porte dans le mien, je l'y retrouverai toujours, car j'y retrouverai à jamais la chère mémoire du chef, en qui je rencontrai un père à mon début en Crimée, et que j'aimais comme tel. Mon regard et ma pensée peuvent s'arrêter sur deux points tristement rapprochés dans l'espace que j'ai sous les yeux : l'ancien campement et la tombe du Gardin; deux points renfermant dans leurs étroites limites toute une glorieuse carrière et que je ne puis contempler sans un pieux sentiment de reconnaissance et de douleur. C'est là, à une courte distance du lieu où je vous écris, que me reçut le commandant du Gardin, alors capitaine; c'est là qu'il me prit les deux mains et m'attira sur sa généreuse poitrine, moi pauvre jeune soldat, comme s'il eût retrouvé en moi un vieil ami. Je vous ai raconté dans le temps toutes les bontés dont il accompagna ce premier accueil et la paternelle sollicitude avec laquelle il trouva le temps de veiller sur moi, au milieu des devoirs et des dangers qui lui en laissaient si peu pour lui-même. Je ne le reverrai plus!... Cette pensée crée autour de moi un vide, qui me laisserait dans un profond découragement si celui que je pleure ne m'avait donné lui-même l'exemple de tous les courages. Avant mon transport à Constantinople, je vous transmis le peu de détails que j'ai pu recueillir sur ses derniers instants. Dès mon retour ici, je me suis fait un triste, doux et pieux devoir de les compléter, en m'adressant à mes collègues les sous-officiers du 50e. L'un d'eux surtout, qui a plus particulièrement connu le commandant du Gardin et l'a presque constamment suivi, m'en a beaucoup parlé et en termes que je voudrais vous redire; vous y trouveriez, dans la langue du cœur, l'entraînant témoignage des sentiments que M. du Gardin avait inspirés à ses soldats et de l'ascendant qu'il avait acquis sur eux. Je vais vous parler à mon tour de cet excellent homme; cela me fera du bien.

C'est au Mamelon Vert principalement que M. du Gardin eut l'occasion de montrer à l'armée, quel officier elle devait plus tard perdre en lui.

Je tiens donc à vous entretenir un peu longuement de ce beau fait d'armes, et pour vous faire bien saisir ce que j'ai à vous raconter, j'ai le soin de vous placer en face de la scène où cet héroïque drame s'est accompli. Vous me dites dans une de vos lettres que l'on voit en ce moment, à Lyon, un plan en relief de Sébastopol et du théâtre de la guerre, construit sur une échelle assez vaste pour vous permettre d'y suivre, moyennant 20 sous, et sans avoir à redouter les mauvais traite-

ments des Russes, les plus minutieuses opérations du siège. Cherchez sur ce plan la première ligne de défense russe en prenant Karabelnaïa pour point de départ. A droite vous apparaissent les Ouvrages Blancs *que les Russes appelaient redoutes de* Volhynie *et de* Séleginsk. *Ils avaient été élevés de nuit par les Russes, les 22 et 27 février. Vous les rencontrez sur le bas d'un contrefort du plateau d'Inkermann qui descend à la baie du Carénage. Ils rappellent glorieusement les noms du colonel Cler et du général Monnet, qui s'y distinguèrent par des prodiges de valeur dans le combat livré aux Russes dans la nuit du 23 au 24 février par des troupes du 2e corps.*

Le général Lavarande, dont la tête y fut emportée par un boulet le 8 juin, allait bientôt les baptiser de son sang et de son nom qu'ils porteront désormais dans l'histoire. A gauche, vous voyez l'ouvrage des Carrières *derrière lequel vous apercevez le* Grand Redan. *Enfin au centre, c'est-à-dire, entre les* Ouvrages Blancs *et les* Carrières, *il vous sera facile de reconnaître le* Mamelon Vert *que les Russes appellent redoute de* Kamtchatka. *Ce formidable rempart élevé en avant de* Malakoff *nous incommodait de la manière la plus désastreuse dans nos travaux d'approche, par les feux incessants dont il nous accablait, et paralysait l'armée anglaise dans son cheminement sur le* Grand Redan.

Ces trois positions, comme vous pouvez le voir sur le plan en présence duquel je vous suppose placé, sont isolées entre elles par des ravins escarpés, qui devaient forcément séparer les attaques simultanées dont elles seraient l'objet. Ces attaques furent résolues pour le 7 juin, en conseil.

Nous avions, nous, Français, pour notre part, à enlever le Mamelon Vert *et les* Ouvrages Blancs, *tandis que les Anglais, de leur côté, s'empareraient des* Carrières *et s'ouvriraient ainsi la voie du* Grand Redan. *Le général Bosquet fut chargé d'organiser la surprise que nous ménagions aux Russes. Pendant toute la journée du 6, et pour préparer la voie à nos attaques du lendemain, notre artillerie fit pleuvoir ses bombes sur les défenses de* Karabelnaïa, *concentrant principalement ses feux sur les ouvrages que l'on devait emporter. Le* Mamelon Vert *fut rudement entamé et ses dégradations, dès ce moment, offraient aux assaillants des points d'appui suffisants où poser leurs pieds. Il en était de même aux* Ouvrages Blancs. *Le lendemain, 7, un peu avant 5 heures de l'après-midi, les colonnes d'assaut formées par le général Bosquet se rendirent à leur poste de combat. Elles se composaient des 2e, 3e, 4e et 5e divisions du 2e corps. A 6 heures et demie, la 1re brigade de la 6e division, à laquelle appartenait le 50e, était installée dans les parallèles faisant face à l'ouvrage russe du centre, c'est-à-dire au* Mamelon Vert, *dont elle se trouvait éloignée de 300 à 400 mètres. Elle avait à droite la colonne d'attaque formée de tirailleurs algériens, à gauche, la colonne formée du 3e zouaves. Les montres des chefs marquaient 7 heures; au même instant les fusées de signal partirent de la redoute* Victoria. *Leur sifflement fut à peine entendu, que les colonnes d'assaut s'élancèrent comme les flots d'une digue subitement* *rompue. Le 50e, occupant le centre de l'attaque, après avoir traversé deux parallèles russes qui suspendirent à peine son élan, franchit, en s'y précipitant, un fossé profond, ouvert au pied du mamelon, et se trouva, par l'effet même de sa position, l'un des premiers en face des hauteurs qu'il s'agissait d'escalader. Il avait accompli cette course sous une grêle de fer et de feu; les projectiles russes obscurcissaient l'air et labouraient le sol.*

M. de Brancion, son colonel, aborde le premier la terrible redoute, agitant son épée d'une main et de l'autre le drapeau du régiment, qu'il a voulu porter lui-même. Il le plante sur un épaulement du mamelon et tombe frappé par la mitraille sous le glorieux abri des couleurs françaises. Le capitaine du Gardin commandait ce jour-là son bataillon, dont le chef, blessé dans une affaire précédente, avait été transporté à Constantinople.

Les Russes, malgré leur vigoureuse défense, ne purent tenir devant l'irrésistible élan de notre attaque; ils furent chassés de leur position sans nous causer beaucoup de pertes.

Mais la victoire enivre! Nos bataillons, dévorant du regard l'espace qui les sépare de Sébastopol, n'écoutent plus que leur ardeur et se précipitent à la poursuite de nos redoutables adversaires, qui se replient sur Malakoff. Cet entraînement nous coûta cher. Les Russes surent en profiter et, nous tournant par la droite, l'arrivée de leur masse de réserve changea notre imprudente poursuite en une retraite désordonnée. Et le Mamelon Vert *est de nouveau occupé par les Russes. Le 50e, l'un des plus engagés, fut un de ceux qui eurent le plus aussi à souffrir de ce revirement de la fortune des armes. Son lieutenant-colonel Leblanc tombe frappé d'un coup mortel. Le chef du 1er bataillon lui succède et tombe glorieusement à son tour. Le 50e avait perdu tous ses officiers supérieurs. Le commandement et la responsabilité en échoient au capitaine du Gardin. La mêlée était affreuse, le désordre à son comble; nos soldats, ramenés jusque dans nos parallèles, se laissaient tuer à coups de pierres. M. du Gardin, qui était parvenu à grouper autour de lui ses intrépides voltigeurs, rallie le 50e par cet ascendant que donnent le courage et l'exemple ; il le maintient jusqu'à ce que la 2e brigade, arrivant au pas de course, dégage et entraîne la 1re écrasée sous le nombre ; le découragement disparaît ; l'offensive est reprise ; l'ennemi fuit à son tour ; les positions perdues sont enlevées une seconde fois, et le capitaine du Gardin, à la tête du 50e, put planter son épée là où le colonel de Brancion avait planté son drapeau. La victoire nous restait, mais au prix de quelles pertes !*

Le 50e perdit 24 officiers et près de 400 hommes. Remarquez bien que, ne voulant m'occuper que du commandant du Gardin, j'ai dû borner aux circonstances qui lui sont pour ainsi dire personnelles le récit de cette grande journée. Elle remplira, dans l'histoire, une page que je ne pouvais avoir la prétention d'aborder ici. Le capitaine du Gardin avait brillamment soutenu l'honneur du 50e et puissamment contribué au succès de la journée qui venait de couronner nos armes. Il reçut les félicitations du général Bosquet sur sa généreuse conduite, fut mis à l'ordre du jour de l'armée et promu au grade de chef de bataillon.

Il y avait là assez d'honneur à la fois pour chatouiller le cœur le plus stoïque ; mais il suffisait à M. du Gardin de les avoir mérités et il ne parut pas un seul instant songer à s'en enorgueillir. Quant à moi, j'étais transporté de joie et d'orgueil pour lui, qui en avait si peu. J'allai lui présenter immédiatement mes respectueuses félicitations ; il me reçut avec plus d'amitié et plus de simplicité que jamais, souriant de mon exaltation et me racontant les héroïques faits dont il avait été l'un des plus glorieux acteurs avec autant de bonhomie que s'il se fût agi de la chose la plus naturelle. Il voulut bien me permettre de l'embrasser, et je fus tout fier de le serrer dans mes bras. Il n'était pas un de ses soldats dont le cœur ne battît pour lui à l'unisson du mien.

Quelques jours après, M. du Gardin quittait le 50e et allait prendre le commandement d'un bataillon du 28e de ligne, campé au Clocheton. Je le vis le jour même de son départ d'Inkermann. Il était entouré de ses voltigeurs. Ces braves gens bouleversaient tout autour de lui, sous le prétexte de faire ses malles et de lui épargner le moindre soin. C'était à qui lui montrerait, à sa manière, le plus de regrets et de zèle.

Deux jours plus tard, en descendant de grand'garde, je me rendis au Clocheton où m'appelait une affectueuse invitation à dîner du commandant. Ce fut pour moi toute une journée de bonheur. Le commandant, par une inspiration de cette bonté qui le guidait en tout, avait voulu que nous fussions seuls pour me mettre complètement à mon aise et que je pusse le posséder tout entier. Je profitai largement de la permission.

Nous dînâmes ce jour-là bien plus à Conzieu qu'en Crimée; nous y dînâmes vraiment au milieu de toutes les personnes que nous aurions aimé à voir assises à notre table et dont le cher souvenir remplissait notre conversation comme il remplissait nos cœurs. C'était le 16 juin. Il faisait une chaleur tauridienne. « *Quand nous serons à Conzieu, mon cher Joanni, me dit le commandant, quand nous serons à Conzieu sous nos beaux tilleuls, de l'eau courante à droite, de l'eau courante à gauche, nous serons un peu plus au frais, et nous tâcherons d'y rattraper celui qui nous manque ici; en attendant, prenons notre parti de la Crimée puisque nous y sommes.* » *Hélas! ces tilleuls si regrettés, je les reverrai seul, si, toutefois, je dois moi-même retrouver leurs ombres tant désirées.*

Nous nous séparâmes en nous serrant bien la main. Je quittai le commandant, emportant de ma bonne journée des forces à suffire à un mois de mauvais jours.

Les mauvais jours ne se faisaient pas attendre en Crimée. Quarante-huit heures après mon dîner au Clocheton, je prenais part à la sanglante affaire du 18 juin, qui nous fut si fatale. Je m'en tirai, toutefois, sain et sauf. Nous fûmes si occupés les jours suivants à enterrer nos morts, que je dus renoncer à porter moi-même de mes nouvelles à celui envers qui m'enchaînaient les devoirs et la reconnaissance d'un fils. Ce ne fut qu'à la fin du mois, en venant d'accompagner les restes du général en chef de l'armée anglaise, lord Raglan, que je pus aller revoir le commandant du Gardin. Je me trouvais un peu indisposé. Cela venait, je crois, de l'horrible corvée que nous avions subie en ensevelissant nos pauvres morts du 18 juin, dont les cadavres, en décomposition sous un soleil ardent, nous avaient saturés de miasmes infects. Le commandant s'aperçut à peine de mon état, qui certes n'était pas grave, qu'il s'en inquiéta comme peu de frères s'en fussent inquiétés, et se préoccupa avec une véritable tendresse des moyens d'y remédier. Il me traça un régime à suivre et me força d'accepter une bouteille de vermouth. La joie et la fierté de me sentir aimé d'un si noble cœur eussent suffi à me guérir, et je le fus bien vite.

M. du Gardin eut bientôt retrouvé dans les soldats du 28e l'affection de ses vieux braves du 50e. Cette affection était la seule chose dont il aimait à se flatter, et il le faisait si modestement ! Je le revis souvent; je me sentais besoin de ses bons avis. J'allais toujours auprès de lui faire provision d'expérience et de raison. Je n'en profitais pas toujours, je l'avoue; mais je ne le quittais jamais, du moins, sans les meilleures et les plus sages intentions. La moindre de nos conversations se terminait par Conzieu, toujours Conzieu et ses hôtes bien-aimés. Je vis le commandant, pour la dernière fois, trois jours avant le terrible assaut. Il n'était sous l'empire d'aucune triste prévision; il me raconta gaîment quelques-unes de ses dernières aventures de tranchées, joyeusetés de soldat, drôles comme un enterrement pour tout autre.

A la dernière garde de tranchée qu'il avait montée, un boulet avait emporté la roulette du fourreau de son sa-

bre. Deux heures après, il l'avait échappé beaucoup plus belle encore, me disait-il en riant : une bombe de gros calibre, une de celles que nous appelions grosses caisses, *vint s'abattre à ses pieds. Il n'avait pas eu le temps de reculer d'un pas, que trois hommes du bataillon l'enlevaient lui-même avec la rapidité de l'éclair, le jetaient de l'autre côté du parapet, tandis que deux autres faisaient rouler le terrible projectile. Ces cinq hommes n'avaient songé qu'à la vie de leur commandant. Il n'est pas un soldat dans le corps qui eût eu un autre mouvement, tant cette vie leur était chère.*

Le 8 septembre se leva enfin. Nous apprîmes à 8 heures du matin ce que nous avions pressenti dès la veille, mais ce qui était resté jusque-là le secret de nos chefs; la grande heure, l'heure suprême de cette gigantesque lutte allait sonner. Trois colonnes d'assaut venaient d'être formées; ces colonnes, disposées en silence dans les tranchées, s'élanceront pour vaincre ou pour mourir. L'ordre du jour du général Bosquet nous le dit : C'est un assaut général, armée contre armée.

Le soir, Malakoff devait être à nous, ou les Russes, vainqueurs, en avoir fini avec les soldats de la France. J'appris que le 28e ne faisait point partie de l'attaque. Je n'eus que la pensée de m'en réjouir, en songeant que M. du Gardin ne partagerait point nos dangers; la part de gloire qu'il s'était faite lui permettait bien de se passer de celle-ci.

Tristes illusions! tandis que je me félicitais de son éloignement, le commandant du Gardin était venu reprendre sa place au 50e. Il était venu reprendre sa place le 8 au matin, quand déjà nous étions dans nos parallèles. Il s'agissait d'un combat suprême. Il fallait aux soldats des chefs éprouvés et possédant leur confiance. Le commandant du Gardin avait donc été rappelé à la tête de ceux qu'il avait formés au péril et qui n'en connaissaient point avec lui.

J'ai su plus tard que, lorsqu'il reparut au front de son ancien bataillon, il y fut salué d'un irrésistible frémissement de joie ; chefs et soldats se connaissaient et ils avaient des uns et des autres cette foi qui assure la victoire.

Je ne vous rappellerai ici aucun des détails de cette journée à jamais fameuse ; je vous en ai entretenu assez longuement dans mes précédentes lettres. J'ajouterai seulement que tous les militaires du 50e, avec qui je me suis entretenu de M. du Gardin, m'ont parlé avec le même enthousiasme, *remarquez bien le mot, du rôle qu'y joua leur intrépide commandant. Il avait miraculeusement échappé à tous les coups ; il avait traversé, sain et sauf, ce gouffre de feu qui n'avait pu nous séparer de Malakoff ; la victoire avait définitivement prononcé entre les Russes et nous ; le drapeau français flottait triomphalement sur ces remparts si chèrement conquis. Des ordres formels nous prescrivaient de ne point en dépasser les limites ; cependant, quelques-uns des nôtres, ou ne les ayant point entendus, ou n'en tenant point compte, s'étaient précipités à la suite de l'ennemi. Ce fut alors que le commandant du Gardin, chargé de réprimer cet élan inconsidéré, s'avança au-dessus des parapets qui dominaient la partie nord et se mit ainsi en vue des derniers tirailleurs russes non encore débusqués de tous leurs réduits.*

Un coup de feu part à l'instant et l'on voit le commandant s'affaisser sur lui-même. Une balle venait de lui briser le cœur... ce cœur si vaillant et si bon !

On m'avait d'abord affirmé qu'il avait pu s'écrier : « Mon Dieu, ma pauvre femme ! » Mais il est aujourd'hui certain qu'il tomba sans proférer une parole. Un éternel regret pour moi sera de n'avoir pu le serrer une dernière fois dans mes bras ; mais j'étais moi-même, en ce moment, couché sur le flanc, à l'ambulance où je venais d'être transporté.

Les compagnons d'armes du commandant du Gardin n'en parleront jamais qu'avec orgueil. Quant à moi, le souvenir de son amitié sera l'honneur de ma vie ; puisse celui de ses exemples en être l'inspiration !

Le commandant du Gardin a été enterré à Malakoff avec les autres braves qui, comme lui, sont tombés sur cet immortel champ d'honneur ; une fosse commune renferme leurs héroïques dépouilles. Sur cette fosse s'élève une simple croix de bois fabriquée avec des affûts de canons.

Cette croix porte un écriteau sur lequel on lisait cette courte inscription :

UNIS POUR LA VICTOIRE,
RÉUNIS PAR LA MORT,
DU SOLDAT C'EST LA GLOIRE,
DES BRAVES C'EST LE SORT !

On me dit qu'un officier vient de la refaire ainsi :

UNIS DANS LA VICTOIRE,
ILS LE SONT DANS LA MORT ;
POUR PARTAGER LEUR GLOIRE,
QUI N'ENVIERAIT LEUR SORT !

De quelle âme j'ai prié devant cette tombe où se sont éteintes pour moi tant d'espérances d'avenir !

Adieu, cher père ; le sujet que traite ma lettre vous la fera lire, bien sûr, avec tout l'intérêt que j'ai mis à l'écrire, et vous ne me reprocherez point sa longueur. Je vais répondre directement à ma bonne mère, à Gênes. Quand sera-t-elle de retour auprès de vous, et quand y serai-je moi-même? En attendant, aimez et bénissez votre enfant respectueux qui vous embrasse de toute son âme.

J. B.

Sous-officier au 49e de ligne,
5e division du 2e corps de l'armée d'Orient.

Camp d'Inkermann.

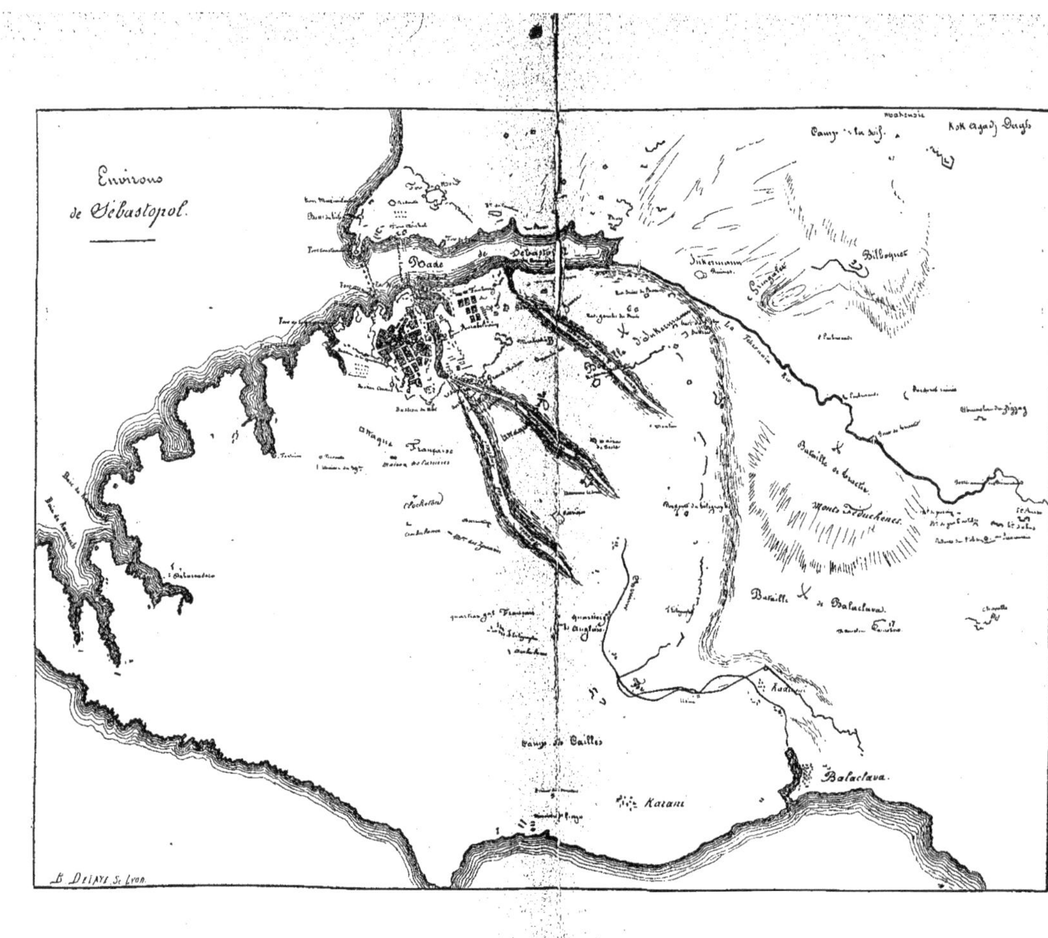

Environs
de Sébastopol.
Rade de Sebastopol
Inkermann
Bilboquet
Bataille de Balaclava
Monts Féduchènes
Balaclava
Karani
B. DELAYE Sc Lyon.

TABLE DES MATIÈRES

TABLE DES GRAVURES

Lyon. — Imprimerie Emmanuel VITTE, rue Condé, 30.

PERLVSTRAT
VELOCI CVRSV
VT ALIGER ORBE
A
Ω

www.ingramcontent.com/pod-product-compliance
Ingram Content Group UK Ltd.
Pitfield, Milton Keynes, MK11 3LW, UK
UKHW020443200726
13857UKWH00002B/548

9 782012 872455